La Ciencia
para Todos

Desde el nacimiento de la colección de divulgación científica del Fondo de Cultura Económica en 1986, ésta ha mantenido un ritmo siempre ascendente que ha superado las aspiraciones de las personas e instituciones que la hicieron posible. Los científicos siempre han aportado material, con lo que han sumado a su trabajo la incursión en un campo nuevo: escribir de modo que los temas más complejos y casi inaccesibles puedan ser entendidos por los estudiantes y los lectores sin formación científica.

A los diez años de este fructífero trabajo se dio un paso adelante, que consistió en abrir la colección a los creadores de la ciencia que se piensa y crea en todos los ámbitos de la lengua española —y ahora también del portugués—, razón por la cual tomó el nombre de La Ciencia para Todos.

Del Río Bravo al Cabo de Hornos y, a través de la mar Océano, a la Península Ibérica, está en marcha un ejército integrado por un vasto número de investigadores, científicos y técnicos, que extienden sus actividades por todos los campos de la ciencia moderna, la cual se encuentra en plena revolución y continuamente va cambiando nuestra forma de pensar y observar cuanto nos rodea.

La internacionalización de La Ciencia para Todos no es sólo en extensión sino en profundidad. Es necesario pensar una ciencia en nuestros idiomas que, de acuerdo con nuestra tradición humanista, crezca sin olvidar al hombre, que es, en última instancia, su fin. Y, en consecuencia, su propósito principal es poner el pensamiento científico en manos de nuestros jóvenes, quienes, al llegar su turno, crearán una ciencia que, sin desdeñar a ninguna otra, lleve la impronta de nuestros pueblos.

DE LAS CHINAMPAS
A LA MEGALÓPOLIS

Comité de Selección

Dr. Antonio Alonso
Dr. Francisco Bolívar Zapata
Dr. Javier Bracho
Dr. Juan Luis Cifuentes
Dra. Rosalinda Contreras
Dr. Jorge Flores Valdés
Dr. Juan Ramón de la Fuente
Dr. Leopoldo García-Colín Scherer
Dr. Adolfo Guzmán Arenas
Dr. Gonzalo Halffter
Dr. Jaime Martuscelli
Dra. Isaura Meza
Dr. José Luis Morán
Dr. Héctor Nava Jaimes
Dr. Manuel Peimbert
Dr. José Antonio de la Peña
Dr. Ruy Pérez Tamayo
Dr. Julio Rubio Oca
Dr. José Sarukhán
Dr. Guillermo Soberón
Dr. Elías Trabulse

Coordinadora

María del Carmen Farías R.

Ezcurra

DE LAS CHINAMPAS A LA MEGALÓPOLIS

El medio ambiente en la cuenca de México

la
ciencia/91
para todos

Primera edición (La Ciencia desde México), 1990
Segunda edición (La Ciencia para Todos), 1998
Tercera edición, 2003
Segunda reimpresión, 2007

Ezcurra, Exequiel
De las chinampas a las megalópolis: el medio ambiente en la cuenca de México / Exequiel Ezcurra. — 3ª ed. — México : FCE, SEP, CONACyT, 2003
120 p. ; 21 × 14 cm — (Colec. La Ciencia para Todos ; 91)
ISBN 978-968-16-6871-6

1. Ecología — México (Ciudad) 2. Biología 3. Divulgación científica I. Ser II. t

LC GT231 E92   Dewey 508.2 C569 V.91

Distribución mundial

Comentarios y sugerencias: laciencia@fondodeculturaeconomica.com
www. fondodeculturaeconomica.com
Tel. (55)5227-4672 Fax (55)5227-4664

 Empresa certificada ISO 9001:2000

La Ciencia para Todos es proyecto y propiedad del Fondo de Cultura Económica, al que pertenecen también sus derechos. Se publica con los auspicios de la Secretaría de Educación Pública y del Consejo Nacional de Ciencia y Tecnología.

D.R. © 1990 Fondo de Cultura Económica
Carretera Picacho-Ajusco 227, 14200 México, D.F.

Se prohíbe la reproducción total o parcial de esta obra
—incluído el diseño tipográfico y de portada—,
sea cual fuere el medio, electrónico o mecánico,
sin el consentimiento por escrito del editor.

ISBN 978-968-16-6871-6

Impreso en México • *Printed in Mexico*

PRÓLOGO

Como ecólogo, nunca antes había trabajado en problemas de ecología urbana, un área particularmente difícil por la multitud de problemas distintos que se deben abordar y por su carácter interdisciplinario. Este libro pretende ser una incursión a la ecología urbana vista desde el punto de vista de un ecólogo de campo, preocupado por el gran desafío ambiental que representa el crecimiento de las grandes ciudades en América Latina.

Mi interés por la ecología urbana se la debo al estímulo de tres brillantes investigadores que en distintos momentos me impulsaron a interesarme en los problemas de nuestro medio más inmediato, el ambiente de las ciudades. Me refiero a Eduardo Rapoport, Gonzalo Halffter y José Sarukhán. Con los tres he publicado estudios sobre aspectos de ecología humana, y los tres han influido de manera central en mi formación como ecólogo. De los tres aprendí que la naturaleza no sólo es lo que está en ecosistemas remotos y conservados, sino que también tiene que ver con el ambiente en que nos desenvolvemos a diario, y con los problemas que lo rodean.

Este libro es una versión extensa de un capítulo que escribí en 1988 para The Cambridge University Press, que saldrá publicado en el libro *The Earth as transformed by human action* (W. Turner, comp.). Quiero agradecer a Bill Turner su invitación a escribir el capítulo sobre la cuenca de México. Esa invitación me dio el impulso inicial para escribir este libro. También agradezco a Francesco di Castri y Arturo Gómez-Pompa sus comentarios y críticas a la primera versión de este trabajo.

Muchas personas me ayudaron durante la preparación de este trabajo. María del Carmen Farías me invitó inicialmente a colaborar con el exitoso proyecto editorial que es La Ciencia desde México y me guió, con paciencia infinita, durante todo el proceso. Santiago Arizaga colaboró con la preparación de las gráficas y, como siempre lo hace, brindó su apoyo generoso y entusiasta a este trabajo. Irene Pisanti discutió conmigo varios de los aspectos aquí tratados y me facilitó todo tipo de ayuda, incluyendo el préstamo de varios libros de gran importancia. Jorge Soberón, Miguel Franco y Humberto Bravo me cedieron generosamente su tiempo para analizar y discutir problemas de ecología relacionados con la cuenca de México.

Una mención especial merece Alicia Castillo, quien realizó conmigo una extensa investigación sobre el agua en la cuenca de México, para el guión del "Museo del Agua" que proyecta realizar el DDF. Buena parte de la información presentada en el capítulo IV es producto de ese trabajo conjunto. Alicia ha compartido conmigo esa información generosamente. Me ayudó también en muchísimos otros aspectos relacionados con la preparación del libro. Sin su apoyo, este trabajo sería mucho más pobre.

Finalmente, quiero agradecer a Bárbara Córcega su ayuda constante a lo largo de todo este esfuerzo. Bárbara leyó y criticó con mucho tino las primeras versiones de este trabajo, me ayudó con la obtención y organización de la bibliografía y, sobre todo, dedicó días enteros a discutir muchas de las ideas que aquí se presentan. Este libro es, en cierto modo, un pequeño homenaje a la pasión que Bárbara, como muchos otros chilangos de corazón, siente por la cada vez más grande y cada vez más complicada, pero siempre apasionante ciudad de México.

I. Las transformaciones y el deterioro ambiental de la cuenca de México

ATRAPADA entre las montañas del Eje Volcánico Central, la cuenca de México ha sido, y es todavía, el centro cultural, político, económico y social de la nación mexicana. Es también la sede del mayor complejo urbano del mundo, uno de los ejemplos más notorios del fenómeno de concentración urbana en los países del Tercer Mundo. El viejo Tenochtitlan, la capital del Anáhuac, la colonial ciudad de los palacios que maravilló a Alejandro de Humboldt es hoy el estereotipo del desastre urbano que representan las megalópolis de los países dependientes.

Antes de la conquista española, la cuenca de México se encontraba ocupada por un conjunto de pueblos bajo el dominio de Tenochtitlan–Tlatelolco, que compartía los elementos tecnológicos y culturales de una civilización lacustre altamente desarrollada. La agricultura azteca estaba basada en el cultivo de las chinampas, un sistema de agricultura intensiva altamente productivo formado por una sucesión de campos elevados dentro de una red de canales dragados sobre el lecho del lago. El sistema chinampero reciclaba de una manera muy eficiente los nutrientes acarreados por las lluvias de los campos agrícolas, a través de la cosecha de productos acuáticos de los canales. Así, se obtenían cosechas abundantes que abastecían de alimentos a la población de la cuenca, estimada por muchos investigadores en varios millones de personas. Ya en tiempos prehispánicos, sin embargo, las civilizaciones de la cuenca dependían en cierto grado de la importación de productos alóctonos, los que, recolectados bajo la forma de tributo al emperador azteca, subsidiaban la economía local. Con la Conquista, las ciudades de la cuenca fueron rediseñadas según la traza de los pueblos españoles y la superficie lacustre comenzó a ser considerada incompatible con el nuevo estilo de edificación y uso de la tierra. A partir del siglo XVII, comenzaron a construirse obras de drenaje de tamaño y complejidad crecientes, con el objeto de librar a la ciudad del riesgo de inundaciones y de secar el lodoso subsuelo del fondo del lago. Estas obras, a su vez, produjeron poco a poco cambios en el medio ambiente de la cuenca. La pérdida de la agricultura chinampera fue una de las primeras consecuencias de estos cambios.

La situación ambiental de la cuenca de México se ha deteriorado muy rápidamente durante los últimos 40 años. Como en muchas otras partes de América Latina, la industrialización de México en el siglo XX trajo como resultado un proceso de migración acelerada de campesinos hacia las grandes ciudades. En su rápido crecimiento, la ciudad de México fue devorando los pueblos satélites de la antigua capital, hasta convertirse en la inmensa megalópolis que es actualmente. El conglomerado urbano ocupa la mayor parte del Distrito Federal, y también una fracción importante del vecino Estado de México. Las cadenas montañosas al sur y al oeste de la cuenca, hasta hace unos quince años poco afectadas por el crecimiento de la ciudad, sufren ya las consecuencias del desarrollo urbano explosivo. La cuenca de México, que ocupa sólo el 0.03% de la superficie del país, es el hábitat de 22% de su población y constituye un problema ambiental, social y político de inmensas proporciones.

Todos los citadinos son más o menos conscientes del grave problema de contaminación ambiental que genera la ciudad de México. Sin embargo, pocos son conscientes que, a nivel ecológico, una de sus características más notables es el alto grado de dependencia que tiene respecto de otros ecosistemas. Ni la ciudad ni la cuenca de México son autosuficientes. Dependen cada vez más del abastecimiento de bienes provenientes de distintas regiones del país y, de esta manera, el crecimiento de la ciudad representa un grave costo ambiental para el resto del país. Es sabido, por ejemplo, que las selvas del sudeste de México están desapareciendo rápidamente por la tala. Pero pocos capitalinos saben que una de las principales causas de este verdadero desastre ecológico es la creciente demanda de carne por parte de la clase media urbana, la cual, literalmente, se está comiendo la selva en forma de filetes. La mayor parte de las selvas taladas en el sureste quedan, en última instancia, como pastizales tropicales destinados a producir la carne que se vende en los mercados de los grandes centros industriales, y, en particular, en los rastros de la ciudad de México. En este trabajo discutiremos la dependencia de la cuenca de México respecto del resto del país desde el punto de vista ecológico. Analizaremos algunos aspectos de la historia ambiental de la cuenca y los costos del crecimiento y del mantenimiento de la ciudad de México para los capitalinos y para el resto del país.

II. El escenario ecológico

El medio abiótico

La cuenca de México es una unidad hidrológica cerrada (aunque actualmente drenada en forma artificial) de aproximadamente 7 000 km^2 (Figura 1). Su parte más baja, una planicie lacustre, tiene una elevación de 2 240 m sobre el nivel del mar. La cuenca se encuentra rodeada en tres de sus lados por una magnífica sucesión de sierras volcánicas de más de 3 500 m de altitud (El Ajusco hacia el sur, la Sierra Nevada hacia el oriente y la Sierra de las Cruces hacia el poniente). Hacia el norte se encuentra limitada por una sucesión de sierras y cerros de poca elevación (Los Pitos, Tepotzotlán, Patlachique, Santa Catarina, y otros). Los picos más altos (Popocatépetl e Iztaccíhuatl, con una altitud de 5 465 y 5 230 m sobre el nivel del mar respectivamente) se encuentran al sureste de la cuenca. Varios otros picos alcanzan elevaciones cercanas a los 4 000 m. Estas montañas periféricas representan un límite físico importante a la expansión de la mancha urbana.

Geológicamente, la cuenca se encuentra dentro del Eje Volcánico Transversal, una formación del Terciario tardío, de 20 a 70 km de ancho, que atraviesa la República Mexicana desde el Pacífico hasta el Atlántico aproximadamente en una dirección este–oeste (Mosser, 1987). Tanto por la cercanía y conexión directa de la cuenca con la fosa del Pacífico como por la existencia de numerosas fallas a lo largo del Eje Volcánico Transversal, los procesos volcánicos, los temblores de tierra y la inestabilidad tectónica en general han sido elementos sobresalientes a lo largo de la historia de la cuenca.

Antes del surgimiento del Estado azteca, aproximadamente en el año 1000 de nuestra era, el sistema lacustre del fondo de la cuenca cubría aproximadamente 1 500 km^2, y estaba formado por cinco lagos someros, encadenados de norte a sur: Tzompanco, Xaltocan, Texcoco, Xochimilco y Chalco. Los dos lagos del sur, Chalco y Xochimilco, y los dos del norte, Tzompanco y Xaltocan, eran algo más elevados y sus aguas escurrían hacia el cuerpo de agua central más bajo, Texcoco, donde la escorrentía de toda la cuenca se acumulaba antes de evaporarse a la atmósfera. El agua de escorrentía, en su camino desde las laderas de los cerros

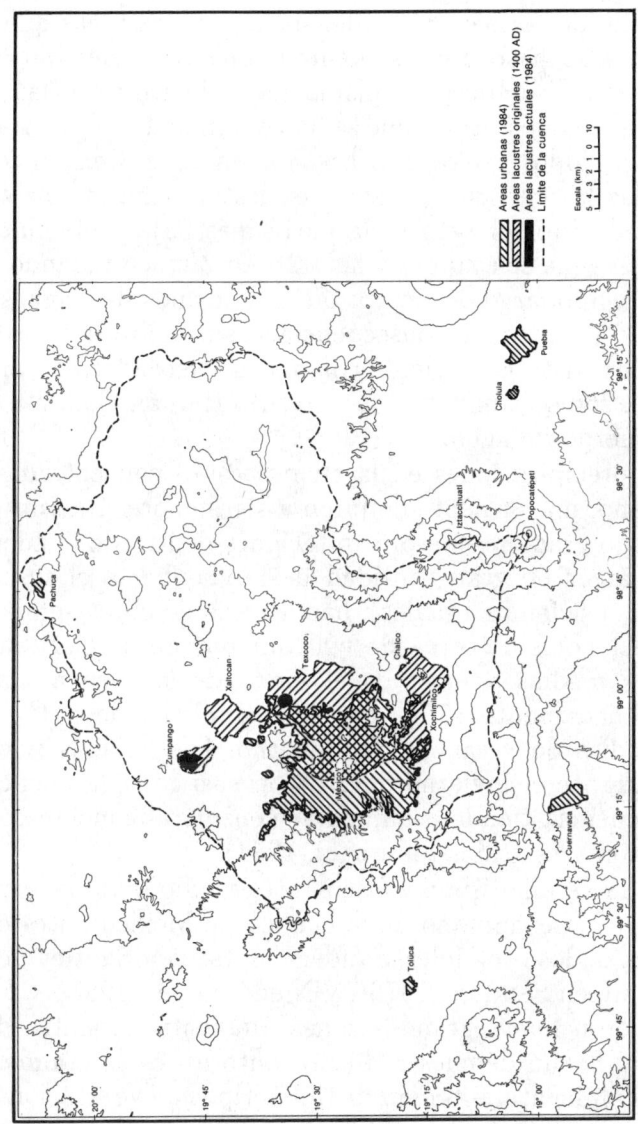

Figura 1. Mapa topográfico de la cuenca de México, con el área urbana y las superficies lacustres que aún permanecían en 1984, y el área lacustre original según Niederberger (1987a), siglo XIV aproximadamente, antes de que comenzaran las transformaciones debidas a la acción humana.

hacia las partes bajas de las cuencas, va disolviendo sales minerales de las partículas del suelo y de las rocas que encuentra a su paso. En las cuencas abiertas, el destino final de las sales disueltas es el mismo que el del agua que las acarrea: los océanos, en los que se han acumulado sales durante largos periodos geológicos. En la cuenca de México, como en todas las cuencas cerradas, el destino final de las sales acarreadas por el agua es la parte más baja de la cuenca, donde el agua se evapora y las sales se van acumulando lentamente a lo largo de cientos o miles de años. Las aguas del Lago de Texcoco, en consecuencia, eran salobres; y desde el punto de vista geológico formaban un verdadero "mar interior", como atinadamente se refirió Hernán Cortés a este gran cuerpo de agua.

Las precipitaciones en la cuenca están concentradas en el verano, mayormente de junio a septiembre. Hay un pronunciado gradiente de precipitaciones dentro de la cuenca, desde áreas de gran cantidad de lluvias hacia el suroeste (aprox. 1 500 mm anuales), hasta áreas de clima semiárido hacia el noreste (cerca de 600 mm por año). Las temperaturas medias anuales en el fondo de la cuenca son de aproximadamente 15° C, con una amplitud de 8° C entre las medias de verano y de invierno. Las heladas nocturnas durante el invierno ocurren en casi toda la cuenca, y su frecuencia tiende a aumentar considerablemente con la elevación y la aridez (Jáuregui, 1987).

En un detalladísimo y fascinante estudio sobre la arqueología y el uso humano de la cuenca de México antes de la llegada de los españoles, Sanders, Parsons y Santley (1979; ver también Sanders, 1976b, y Niederberger, 1987a y b) reconocieron nueve grandes zonas ambientales dentro de la cuenca. Según demuestran estos autores, estas grandes regiones ambientales tenían distintos tipos de vegetación y de fauna, identificables a través de sus estudios arqueológicos y paleobiológicos, y hoy grandemente transformadas por la mano del hombre. A grandes rasgos, estas regiones naturales eran las siguientes: a) el sistema lacustre, el cual representaba un importantísimo sitio de descanso para las aves acuáticas migratorias; b) las costas salobres, cubiertas de plantas halófilas; c) los suelos aluviales profundos y pantanosos, cubiertos por ciperáceas y ahuehuetes (*Taxodium mucronatum*); d) los suelos aluviales someros, cubiertos por pastizales y magueyes (*Agave* sp.); e) los suelos aluviales elevados, vegetados por encinos (*Quercus* sp.) en las pendientes del sur y del suroeste, y por huizaches (*Acacia* sp.) en las pendientes más secas del norte; f) el piedemonte bajo, de suave pendiente y cubiertos de bosques bajos de encinos; g) el piedemonte medio, dominado por encinos de hoja ancha; h) el piedemonte superior, en laderas de más de 2 500 m de elevación, dominado por encinos, tepozanes (*Buddleja* spp.), ailes (*Alnus* sp.), y madroños (*Arbutus xalapensis*) y, finalmente, i) el ambiente de las sierras, sobre los 2 700 m de altitud, que aún actualmente alberga amplias extensiones de pinos, oyameles (*Abies religiosa*), enebros (*Juniperus deppeana*) y zacatones (pastos amacollados de varias especies).

Vegetación

Posiblemente el trabajo más completo sobre la vegetación de la cuenca de México sea la monografía de Rzedowski (1975), en la que se reconocen diez tipos de vegetación principales para el área. Por la importancia que tiene la vegetación de la cuenca en relación con otros problemas, como el control del ciclo hidrológico, la conservación de especies animales y las áreas verdes periféricas a la ciudad, creo importante resumir algunos de los aspectos más importantes de la descripción que hizo Rzedowski de estas diez comunidades vegetales:

a) *Bosque de oyamel*. Los oyameles (*Abies religiosa*) forman bosques densos entre los 2 700 y los 3 500 m de altitud, generalmente en las serranías de la parte meridional de la cuenca, donde las condiciones de humedad son más favorables. La comunidad de oyameles es un bosque perennifolio, de 20 a 40 m de altura, densamente sombreado en el sotobosque. Además del oyamel, la especie dominante, son elementos importantes en estos bosques los ailes (*Alnus firmifolia*), los cedros blancos (*Cupressus lindleyi*), los encinos (*Quercus laurina*), los romerillos (*Pseudotsuga macrolepis*), los sauces (*Salix oxylepis*) y los capulines (*Prunus serotina* sp. *capuli*), estos últimos apreciados por sus frutos comestibles, parecidos a las cerezas, que se venden en los mercados de la ciudad de México. La cubierta herbácea del sotobosque es escasa en este tipo de vegetación, y dominan en ella los musgos y varias plantas de sombra.

b) *Bosque mesófilo de montaña.* El bosque mesófilo forma una comunidad rara en la cuenca de México, que ocupa no más de 2 km^2 en toda la región. Se desarrolla sobre cañadas y laderas protegidas de los declives inferiores del Iztaccíhuatl y de la Sierra de las Cruces, entre los 2 500 y los 3 000 m de altitud. Su característica más importante es la abundancia de epífitas, sobre todo musgos y helechos, y las trepadoras leñosas que cubren buena parte de los troncos y ramas de los árboles. Entre las especies arbóreas más importantes del bosque mesófilo se encuentran el tlecuáhuitl (*Clethra mexicana*), el encino (*Quercus laurina*), y el limoncillo (*Ilex tolucana*).

c) *Bosque de pinos.* Los pinares forman comunidades vegetales típicas de las montañas que rodean la cuenca de México, sobre todo en su parte meridional. En general crecen entre los 2 350 y los 4 000 m de altitud, con lluvias anuales entre 700 y 1 200 mm. Son las comunidades vegetales más frecuentemente sujetas a incendios forestales, muchas veces inducidos por los pastores de borregos que aprovechan el rebrote tierno de los zacatones del sotobosque para proveer de forraje a sus animales al final de la temporada de secas, entre febrero y abril. A lo largo del gradiente altitudinal, los pinares más bajos son los de *Pinus leiophylla*, que crecen con frecuencia asociados a encinares, formando bosques ralos. En la actualidad han disminuido por el crecimiento de la ciudad. En el siguiente piso altitudinal, entre 2 500 y 3 100 m, se encuentran bosques de ocote (*Pinus montezumae*) en la parte sur de la cuenca, y bosques de *Pinus rudis* en las montañas más secas del norte y del este. Por encima de los 3 000 m crecen bosques ralos de *Pinus hartwegii*, la especie más tolerante a las condiciones ambientales extremas que imponen las altas montañas que rodean la cuenca. Este pino se desarrolla acompañado de pastos amacollados, conocidos como zacatones, del género *Festuca* y *Muhlenbergia*. La comunidad de *Pinus hartwegii* es el hábitat típico del zacatuche o conejo de los volcanes, una especie endémica de la cuenca de México y actualmente en peligro de extinción, debido, entre otros factores, a los incendios forestales que destruyen su hábitat con mucha frecuencia. Este problema lo discutiremos con más detalle en la próxima sección.

d) *Bosque de encinos.* Los bosques de encinos (*Quercus* spp.) son formaciones comunes en la cuenca de México entre los 2 300 y los 3 000 m, con lluvias de 700 a 1 200 mm anuales. El ambiente en que se desarrollan es muy parecido al que ocupan los bosques de pinos, y con frecuencia ambas especies, pinos y encinos, crecen juntas formando comunidades mixtas. Al igual que los pinos, existe un número grande de especies de encinos en la cuenca de México. Los encinares son bosques más bien bajos, de 5 a 12 m de altura, y generalmente forman bosques densos en el piso altitudinal inmediatamente inferior al de los pinos. Por debajo de los 2 500 m dominan *Quercus obtusata* y *Q. laeta*; entre los 2 500 y los 2 800 m domina *Q. rugosa*, una especie de encino de hojas anchas y rígidas, asociado a veces con el madroño (*Arbutus xalapensis*) y con *Q. mexicana* y *Q. crassipes*. Por encima de los 2 800 m domina *Q. laurina*, comúnmente asociado a los bosques de oyamel y de pino. Al norte de la cuenca, en las partes más secas, son comunes los bosques bajos de *Q. microphylla* y de *Q. gregii*. Un gran bosque de encinos dominado por *Quercus rugosa* ocupaba las partes medias del Pedregal de San Ángel, al sur de la delegación Tlalpan. Actualmente ha desaparecido casi totalmente por el avance de los fraccionamientos urbanos.

e) *Bosque de enebros.* Los enebros o juníperos (*Juniperus* spp.) son arbustos o árboles de poca altura (menos de 6 m), que forman bosques bajos y ralos, con abundante vegetación herbácea. Estos bosques son comunes en las partes norte, este y noreste de la cuenca, entre los 2 400 y los 2 800 m de altitud. Se desarrollan sobre laderas o planicies semiáridas, con lluvias anuales entre 600 y 800 mm. La especie dominante es el enebro, junípero o sabino (*Juniperus deppeana*), un arbolito de alrededor de 4 m de alto, con tallos verdes y hojas pequeñas y escamosas. Según Rzedowski, el bosque de enebros es, en muchos casos, una comunidad vegetal inducida por la destrucción de bosques más altos de pinos o de encinos.

f) *Matorral de encinos chaparros.* Esta comunidad está formada por matorrales del encino chaparro (*Quercus microphylla*), el cual se multiplica vegetativamente a través de sus partes subterráneas y forma una cubierta densa de arbustos bajos (40 a 80 cm de altura). Junto con el encino conviven frecuentemente la palmita (*Nolina parviflora*) y el sotol (*Dasylirion acrotriche*). Los matorrales de encinos chaparros se encuentran sobre todo al noreste de la cuenca, en áreas semiáridas con 700 a 900 mm de lluvia anual media. Al igual que la comunidad anterior, existe evidencia de que el matorral de encinos en la cuenca de México es una comunidad inducida por la acción humana sobre áreas antiguamente ocupadas por bosques de pinos y de encinos. El elemento que induce y mantiene estos matorrales son los incendios periódicos.

g) *Pastizales.* Existen comunidades de pastizales en varias partes de la cuenca de México. La formación más importante son los pastizales de *Hilaria cenchroides*, comunes al noroeste de la cuenca en Huehuetoca y Tepozotlán, y que también se pueden observar al pie de la Sierra Nevada. Esta comunidad prospera en laderas y lomeríos entre 2 300 y 2 700 m de altitud, con precipitaciones anuales cercanas a los 600 y 700 mm. En las planicies del centro y norte de la cuenca, a 2 300 y 2 400 m de altitud y sobre áreas fuertemente perturbadas, se desarrolla una comunidad de pastizal en la que dominan gramíneas anuales (*Aristida adscencionis* y *Bouteloua simplex*), acompañadas a veces por árboles espaciados de pirú (*Schinus molle*) y algunos nopales (*Opuntia* spp.). Esta comunidad puede observarse típicamente en los alrededores de Teotihuacan, y al norte, hacia Pachuca.

A mucha mayor altura (2 900 a 3 500 m), en los bosques de oyamel, se encuentran con frecuencia praderas de sínfito (*Potentilla candicans*) en valles y planicies altos de suelo arcilloso y lento drenaje. En la época seca dominan en esta comunidad las plantas rastreras de sínfito, con vistosas flores amarillas. Durante el tiempo de lluvias, en cambio, estos valles se cubren con un denso tapiz de gramíneas y ciperáceas. A una altura aún mayor (4 000 m o más), por encima del bosque de *Pinus hartwegii*, se desarrollan los pastizales alpinos de *Muhlenbergia* y *Festuca*. Estos pastos, o zacatones, de crecimiento amacollado, forman matas erectas de 60 a 120 cm de altura. Son muy susceptibles a los incendios, y, al igual que la comunidad de *Pinus hartwegii*, son el hábitat preferido del conejo de los volcanes.

h) *Matorrales xerófilos*. Este tipo de vegetación comprende varias comunidades arbustivas, dominadas por distintas especies xerófilas. Su rasgo más distintivo no es la identidad taxonómica de las especies que lo componen, sino la fisonomía arbustiva y las adaptaciones de las plantas a la aridez. Los matorrales xerófilos son frecuentes en la parte norte de la cuenca, donde las precipitaciones son más pobres, pero también ocurren en la parte meridional, sobre afloramientos rocosos y pedregales. En general ocupan partes bajas de la cuenca, entre 2 250 y 2 700 m de altitud, en áreas de precipitación media anual inferior a los 700 mm.

La asociación vegetal más extensa dentro de este tipo de vegetación la forman las nopaleras del norte de la cuenca, en las que domina el nopal (*Opuntia streptacantha*), la uña de gato (*Mimosa biuncifera*), la palma (*Yucca filifera*) y la cenicilla (*Zaluzania augusta*). En algunas laderas del norte de la cuenca prospera el matorral de guapilla (*Hechtia podantha*) en el que dominan plantas con hojas en roseta, como la misma guapilla y la lechuguilla (*Agave lechuguilla*), junto con arbustos deciduos como la sangre de drago (*Jatropha dioica*) y la uña de gato.

En la Sierra de Guadalupe, en el centro de la cuenca, quedan todavía algunos restos del matorral de palo dulce (*Eisenhardtia polystachya*), una formación xerófila que está desapareciendo rápidamente por la presión del crecimiento urbano. Finalmente, al sur de la cuenca, en la parte más baja del Pedregal de San Ángel, dominaba un tipo de vegetación conocido como matorral de palo loco (*Senecio praecox*), en el que la especie característica crece junto con los tepozanes (*Buddleja* spp.), el tabaquillo (*Wigandia urens*), los copales (*Bursera* spp.), el palo dulce, el pirú, y un número grande de especies herbáceas, muchas de ellas endémicas del Pedregal. Esta importante comunidad vegetal ocupaba algo más de 40 km^2 a principios de los años cincuenta. El avance de los fraccionamientos la ha reducido actualmente a menos de 3 km^2. La vegetación de Pedregal de San Ángel sobrevive fundamentalmente en los terrenos de la Universidad Nacional, donde se ha creado recientemente una reserva ecológica para protegerla.

i) *Vegetación halófila*. La vegetación halófila domina actualmente en algunas de las partes más bajas de la cuenca, sobre los lechos de los antiguos lagos. Es particularmente común en el lecho seco del antiguo Lago de Texcoco, una depresión que se encontraba antes cubierta por las aguas salobres de la "mar interior". Antiguamente, este tipo de vegetación ocupaba sólo las márgenes salobres del lago, pero con el desarrollo del drenaje de la cuenca y el secado artificial de los espejos de agua, se ha extendido hacia las partes más bajas. La vegetación salina se encuentra en parte amenazada por el crecimiento urbano, pero sobre todo por las descargas de aguas negras de la ciudad. El gobierno ha desarrollado recientemente un programa para estimular el desarrollo de las plantas halófilas en el Vaso de Texcoco, con el objeto de evitar las tormentas de polvo que llegaban en primavera a la ciudad, y fijar los suelos del antiguo lecho. Es necesario reconocer que este programa ha sido particularmente exitoso en el desarrollo de sus objetivos.

Las comunidades salinas de la cuenca de México presentan una fisonomía de pastizal bajo y denso, dominadas por dos gramíneas que se multiplican por estolones (*Distichlis spicata* y *Eragrostis obtusiflora*). También se encuentran arbustos bajos como el chamizo (*Atriplex* spp.) y el romerito (*Suaeda nigra*). Las plántulas de esta última especie han sido cultivadas por los agricultores de Xochimilco durante siglos, y son consumidas como verdura. Los romeritos son uno de los pocos casos conocidos en los que la semilla para el cultivo se extrae de plantas adultas silvestres, y no de las mismas plantas cultivadas.

j) *Vegetación acuática*. Las plantas acuáticas ocupaban antiguamente inmensas extensiones de la cuenca de México; el secado de los lagos ha reducido su extensión a una fracción pequeñísima. La poca vegetación acuática que todavía puede verse en la cuenca de México se encuentra en el Vaso de Texcoco, en el Lago de Zumpango, en las chinampas de Xochimilco, y en las partes más bajas de lo que era el Lago de Chalco. En Texcoco y Zumpango pueden observarse tulares, dominados por *Typha latifolia* (el tule) y *Scirpus validus*. Estas especies eran antiguamente muy utilizadas en la cuenca para la extracción de fibras, que se usaban en construcción, techados y fabricación de sillas. Las ciperáceas y los juncos, junto con varias otras especies herbáceas, formaban extensas comunidades de menor altura que los tulares. Finalmente, las lentejillas de agua (*Lemma* spp. y *Azolla* spp.) formaban comunidades flotantes en las partes en que los espejos de agua estaban más tranquilos. Actualmente, los pocos cuerpos de agua libre que se encuentran en la cuenca han sido invadidos por una especie introducida de Sudamérica, el huachinango o lirio de agua (*Eichhornia crassipes*), que se propaga vegetativamente en una forma extraordinaria y llega a cubrir totalmente los cuerpos de agua, modificando sus condiciones de aireación e iluminación, y produciendo serios trastornos sobre los ciclos de vida de la flora y fauna nativas.

FAUNA

La fauna de la cuenca de México ha sufrido profundas transformaciones por la acción humana, tal vez mayores a las experimentadas por la vegetación (Halffter y Reyes-Castillo, 1975). Estas transformaciones han sido no sólo producto de la moderna expansión urbana, con los fenómenos asociados de degradación del hábitat y contaminación, sino que empezaron a generarse desde la llegada del hombre–cazador al Continente Americano. En un extenso trabajo sobre los mamíferos silvestres de la cuenca, Ceballos y Galindo (1984) describieron la existencia de 87 especies de mamíferos registrados durante los últimos años, muchos de ellos presentes en densidades realmente bajas e identificados a través de evidencias indirectas, como huellas, excrementos, u observaciones de terceros. Las especies observadas se distribuyen en ocho órdenes, de los cuales los más abundantes son los roedores y los murciélagos.

Orden	*Número de especies*
Marsupiales (tlacuaches)	1
Insectívoros (musarañas)	5
Quirópteros (murciélagos)	26
Edentados (armadillos)	1
Lagomorfos (conejos y liebres)	6
Roedores (ardillas, tuzas y ratones)	35
Carnívoros	12
Ungulados (venados)	1

Llama la atención en esta lista la poca cantidad de especies de herbívoros de gran tamaño. Niederberger (1987b) elaboró una lista de mamíferos de caza que, según la evidencia histórica y arqueológica, se encontraban en la cuenca de México antes de la llegada de los españoles. Esta lista incluye las siguientes especies animales (los asteriscos indican si la especie se encuentra también citada por Galindo y Ceballos como presente actualmente en la cuenca):

Orden marsupiales
   Familia Didélfidos
     * *Didelphis marsupialis*, tlacuache

Orden insectívoros
   Familia Sorícidos
     * *Sorex saussurei*, musaraña

Orden edentados
   Familia Dasipódidos
     * *Dasipus novemcinctus*, armadillo

Orden lagomorfos
   Familia Lepóridos
     * *Lepus callotis*, liebre
     * *Sylvilagus floridanus*, tochtli, conejo común
     * *Sylvilagus cunicularius*, tochtli, conejo común
     * *Romerolagus diazi*, zacatuche, conejo de los volcanes

Orden roedores
   Familia Sciuridae
     * *Sciurus aureogaster*, cuauhtechalote, ardilla
     * *Spermophilus mexicanus*, motocle, ardilla de tierra
     * *Spermophilus variegatus*, techalote, ardillón
   Familia Geómidos
     * *Pappogeomys merriami*, tuza
     * *Pappogeomys tylorhinus*, tuza
   Familia Cricétidos

* *Microtus mexicanus*, metorito, quimichin
* *Peromyscus melanotis*, ratón
* *Peromyscus maniculatus*, ratón
* *Peromyscus truei*, ratón
* *Neotomodon alstoni*, ratón de los volcanes

Orden carnívoros
  Familia Felinos
  * *Felis concolor*, puma
    Felis pardalis, ocelote
  * *Lynx rufus*, lince
  Familia Cánidos
  * *Canis latrans*, coyote
  * *Urocyon cineroargenteus*, zorra gris
  Familia Prociónidos
  * *Bassariscus astutus*, cacomixtle
  * *Procyon lotor*, mapache
  Familia Mustélidos
  * *Mephitis macroura*, zorrillo
  * *Mustela frenata*, comadreja
  * *Taxidea taxus*, tlalcoyote

Orden ungulados
  Familia Antilocápridos
    Antilocapra americana, berrendo
  Familia Cérvidos
  * *Odocoileus virginianus*, venado de cola blanca
    Odocoileus hemionus, venado bura
  Familia Tayasúidos
    Pecari tajacu, pecarí, coyámetl

Se puede ver fácilmente que la diferencia entre la lista de Niederberger y la de Galindo y Ceballos se da principalmente en los grandes ungulados, animales de caza muy apreciados por su valor alimenticio, que se supone desaparecieron rápidamente de la cuenca de México por la presión de la sobrecaza en tiempos muy tempranos de la ocupación humana de la región. Al igual que los grandes ungulados, el guajolote silvestre (*Meleagris gallopavo*) era también abundante en los ecosistemas forestales que rodeaban la cuenca de México, y fue, según Niederberger (1987*b*), una importante pieza de caza hasta el siglo XVII. Su desaparición progresiva de la región se debió, sobre todo, a la cacería intensa a que se vieron sometidas sus poblaciones silvestres. En el siguiente capítulo discutiremos con más detalle el problema de la obtención de proteínas para los habitantes de la cuenca a lo largo de su historia. Aquí sólo mencionaremos que desde los primeros tiempos del desarrollo de asentamientos humanos en la cuenca, el abasto de proteína animal fue un problema y acarreó, entre otras cosas, una disminución drástica de las poblaciones locales de los grandes herbívoros.

En el fondo de la cuenca, cerca o dentro de los grandes cuerpos de agua, se encontraba una rica fauna de aves, reptiles, anfibios, peces e invertebrados acuáticos. Estos grupos de animales fueron mucho más difíciles de extinguir por medio de la caza, y representaron durante mucho tiempo el recurso de proteínas animales más abundantes para los pobladores de la cuenca. Durante los últimos cien años, el secado de los lagos ha realizado lo que la caza no hizo en muchos siglos: las poblaciones de animales asociadas a los lagos de la cuenca comenzaron a desaparecer rápidamente por la degradación y la contaminación de su hábitat. Halffter y Reyes-Castillo (1975), Rojas Rabiela (1985) y Niederberger (1987*b*) han descrito la rica fauna acuática que existía en la cuenca de México, y los métodos de captura que eran utilizados por las poblaciones tradicionales. No podríamos, por motivos de espacio, repetir las descripciones de estos autores en todo su detalle, pero sí haremos un breve listado de las especies acuáticas más importantes.

Las aves acuáticas que se encontraban en la cuenca y las que se encuentran todavía en el Vaso de Texcoco y otros espejos de agua son mayoritariamente migratorias, y utilizan los grandes lagos del altiplano mexicano como sitio de refugio invernal (noviembre a marzo). Este diverso grupo de animales incluía 22 especies de patos, gansos y cisnes, 3 especies de pelícanos y cormoranes, 10 especies de garzas y cigüeñas, 4 especies de macáes, 19 especies de chorlos y chichicuilotes y 9 especies de grullas, gallaretas y gallinetas de agua. Los patos silvestres o canauhtli (*Anas* spp., con 8 especies en la cuenca) y los gansos o concanauhtli (*Anser albifrons*) eran los animales más buscados por los cazadores.

Dentro de los reptiles y anfibios del lago de México, Niederberger cita cinco especies de ranas y sapos, cuatro de axolotes, siete de serpientes de agua (*Thamnophis* sp.) y tres de tortugas (*Kinosternon integrum, K. pennsylvanicum* y *Onichotria mexicana*). Los axolotes, correspondientes a las especies *Ambystoma lacustris, A. carolinae, A. tigrinum* y *Siredon edule*, eran especialmente gustados por los aztecas para su consumo, por su delicado sabor, parecido al de las anguilas europeas. Aún hoy es posible adquirirlos en el mercado de Xochimilco, recolectados por los campesinos chinamperos en los canales que rodean sus parcelas.

El lago era también rico en peces de agua dulce, que los pobladores de la cuenca pescaban con redes. El grupo más abundante era el de los Aterínidos o peces blancos, llamados *iztacmichin* en náhuatl. Este grupo presentaba tres especies, todas pertenecientes al género *Chirostoma* pero claramente identificables según su tamaño. La especie de mayor tamaño, *Chirostoma humboldtianum*, llamada *amilotl* por los mexicas, medía unos 25 a 30 cm de largo y era muy codiciada como alimento fresco. La siguiente especie, de unos 15 a 20 cm de largo, era llamada *xalmichin* por los mexicas, y se conoce científicamente como *Chirostoma regani*. Finalmente, la especie más pequeña (*Chirostoma jordani*), de 5 a 15 cm de largo, se utilizaba como alimento deshidratado, dado que por su pequeño tamaño se seca fácilmente al Sol. Su nombre en náhuatl era *xacapitzahuac* y son los peces que conocemos actualmente como charales. Son todavía comunes en los mercados de la ciudad de México, provenientes de los lagos de Jalisco y Michoacán.

Los otros grupos de peces que eran utilizados por los mexicas pertenecen a los órdenes de los Ciprínidos y de los Goodeídos. Los primeros, conocidos como juiles (en náhuatl *xuilin*), son peces que viven en los fondos barrosos y comprenden cuatro especies: *Algancea tincella* (la especie más abundante), *Evarra bustamentei, E. tlahuaensis* y *E. eigenmani*. Del orden de los Goodeídos, los mexicas utilizaban sólo una especie (*Girardinichtys viviparus*), conocida como cuitlapétotl o "pescado de vientre grande".

Los antiguos pobladores de la cuenca consumían también un gran número de pequeños organismos acuáticos, como artrópodos, algas y huevos de pescado. Los acociles (*Cambarellus montezumae*), pequeños crustáceos de unos 2 cm de largo, eran muy utilizados en el México antiguo y son todavía objeto de consumo común en Xochimilco. Los *axayácatl*, conocidos actualmente como "mosco para pájaros" en los mercados de la ciudad, son todavía importantes elementos comerciales. Los antiguos mexicas consumían los ejemplares adultos de estos insectos (que son realmente chinches de agua, la más importante de ellas conocida científicamente como *Ahuautlea mexicana*), y recolectaban también sus huevecillos de las aguas del lago. Los huevecillos (llamados *ahuautli*) eran recolectados sumergiendo hojas de zacate en el agua, las que eran utilizadas por los insectos como sitios de oviposición. En unos pocos días, las hojas eran retiradas cubiertas de huevos que eran utilizados para la alimentación humana. Actualmente los *ahuautli* son producidos comercialmente en las aguas del Lago de Texcoco para fabricar alimento para peces y pájaros. Varias larvas de insectos eran también recolectadas y consumidas: larvas de libélulas (*aneneztli*), larvas de coleópteros acuáticos (*ocuiliztac*), y larvas de moscas (*izcauitli*).

¿El cuerno de la abundancia?

De las anteriores descripciones se desprende la idea de que la cuenca de México era un área inmensamente diversa en paisajes y recursos naturales. Tenía bosques, pastizales y lagos; vivía en ella un gran número de especies animales comestibles; llegaban a ella anualmente millones de aves migratorias. Era un lugar en el que se daba bien el maíz, el chile y el frijol, y donde crecían casi silvestres el nopal y el maguey. ¿Acaso esto quiere decir que las poblaciones prehispánicas no tenían carencias? ¿Debemos creer que vivían en un estado de perfecta satisfacción de sus necesidades básicas, en una especie de cuerno de la abundancia?

Desde el punto de vista ecológico, debemos distinguir el concepto de diversidad de recursos naturales del concepto de productividad de los mismos. El concepto de diversidad o riqueza biológica implica la existencia de muchos recursos distintos, con posibilidades de usos alternativos entre ellos. La cuenca de México era, efectivamente, un sistema altamente diverso con una gran heterogeneidad de paisajes, de hábitats y de especies vegetales y animales. Su productividad, es decir la cantidad de recursos que se obtenían por unidad de superficie y por año, era al parecer muy variable, y demandaba grandes esfuerzos por parte de sus pobladores. Las sequías y las heladas de invierno afectaban a buena parte de la cuenca. Para evitar estos problemas, los aztecas pescaban y cazaban en las aguas de los lagos, pero este tipo de recolección representaba un esfuerzo mucho mayor que el de la recolección en tierra firme. La agricultura chinampera, aunque mucho más eficiente y segura que la de temporal, representaba también un inmenso esfuerzo de movimiento de tierra, relleno de parcelas y excavación de canales.

Así, aunque la cuenca de México era un sistema de altísima diversidad, el crecimiento de la población ya en tiempos prehispánicos llegó a rebasar su productividad y por lo tanto, su capacidad de sustento. Por razones que veremos en el siguiente capítulo, existe evidencia de que el abasto de carne animal, sobre todo la de los grandes herbívoros, fue un problema para los habitantes de la cuenca de México desde tiempos muy remotos. La falta de carne llevó al consumo de aves y organismos acuáticos que los pobladores prehispánicos recolectaban del lago. También llevó al desarrollo de un ingenioso sistema de utilización de la vegetación adventicia: los pobladores de la cuenca comenzaron a utilizar las malezas de los campos de maíz para su consumo como verdura fresca, malezas llamadas en náhuatl *quilitl* y conocidas actualmente como quelites. Los quelites no eran otra cosa que las plántulas tiernas de las malezas que invadían las chinampas. Estas plántulas se obtenían en grandes cantidades antes de los deshierbes de la milpa, y durante las primeras semanas de su crecimiento contienen un alto valor nutritivo y un buen contenido proteico. La agricultura mexica obtenía como quelites varias especies de distintas familias. Cada una de ellas tenía un nombre que la distinguía, y sus propiedades, usos y sabores eran reconocidos por la población. Varias de estas especies, como el epazote, el pápalo, la verdolaga y los romeritos, son consumidas actualmente en la ciudad de México, y forman parte importante de la dieta del mexicano moderno. Niederberger (1987*b*) cita el uso de dieciséis especies de quelites, pertenecientes a distintas familias botánicas (Quenopodiáceas, Amarantáceas, Compuestas, Gramíneas, Portulacáceas, Oxalidáceas, Escrofulareáceas, Solanáceas, Poligonáceas, Ninfáceas y Umbelíferas). Otros quelites eran usados también como medicinales: el epazote (*Chenopodium ambrosioides*) era un antihelmíntico efectivo, y el cempasúchil (*Tagetes* sp.) se usaba como catártico y febrífugo (Ortiz de Montellano, 1975). Esta mezcla de agricultura de plantas cultivadas con recolección de plantas y animales silvestres fue quizás el sello más distintivo del modo de producción prehispánico en la cuenca.

Sin embargo, a medida que fue creciendo la población, los

pobladores de la cuenca se vieron obligados a traer grandes cantidades de materias primas y productos de otras regiones. En el auge del imperio azteca, México Tenochtitlan importaba de fuera de la cuenca 7 000 toneladas de maíz al año, 5 000 de frijol, 4 000 de chía, 4 000 de huautli (amaranto o alegría), 40 toneladas de chile seco y 20 toneladas de semilla de cacao (López Rosado, 1988). Introducían también grandes cantidades de pescado seco, miel de abeja, aguamiel de maguey, algodón, henequén, vainilla, frutas tropicales, pieles, plumas, maderas, leña, hule, papel amate, tecomates, cal, copal, sal, grana, añil y muchas cosas más. En el siguiente capítulo veremos con más detalle este problema.

III. Historia ambiental de la cuenca

LA PREHISTORIA

SE HA establecido con relativa precisión que el hombre llegó al continente americano en tiempos geológicos recientes, comparados con el largo tiempo de ocupación humana que tienen África, Europa y Asia. Durante los últimos dos millones de años, en un periodo geológico conocido como Pleistoceno, la Tierra experimentó una serie de enfriamientos en los polos con acumulación de grandes masas de hielo en las regiones boreales. La última de estas glaciaciones, conocida como estadio glacial Wisconsiniano, comenzó hace unos 70 000 años y acabó hace unos 10 000 a 12 000 años. Durante el Wisconsiniano, grandes cantidades del agua del planeta se acumularon en los polos y los mares bajaron de nivel varias decenas de metros. Estos cambios permitieron el paso de grupos humanos a través del estrecho de Behring, los que se expandieron rápidamente a lo largo de todo el continente desde Alaska hasta Tierra del Fuego.

La fecha exacta de la llegada del hombre al continente americano es aún motivo de polémicas. Algunos autores, basados en fechas obtenidas por análisis de Carbono-14, sostienen que la llegada del hombre fue hace unos 12 000 años, a finales del Wisconsiniano (Marcus y Berger, 1984; Martin, 1984). Otros investigadores, sin embargo, presentan evidencias de ocupaciones muy anteriores, hasta de hace 25 000 años antes del presente (Lorenzo, 1981; MacNeish, 1976). En la cuenca de México en particular, se han encontrados restos arqueológicos en Tlapacoya depositados hace unos 22 000 años (Lorenzo, 1981). A pesar de la polémica, que aún subsiste, sobre la fecha exacta de la llegada del hombre a América, podemos concluir que el hombre llegó al nuevo mundo hacia finales del Pleistoceno, cuando llevaba ya cientos de miles de años de expansión demográfica y cultural en el viejo mundo.

La expansión del hombre en el continente americano coincidió con la retirada de los hielos de la última glaciación y, al mismo tiempo, con la extinción de muchas especies de grandes mamíferos (Halffter y Reyes-Castillo, 1975). Las razones de estas desapariciones masivas son todavía sujeto de encendidos debates (véase, por ejemplo, Diamond, 1984 y Martin, 1984). Una teoría reciente, bautizada como la "hipótesis de la sobrecaza", sostiene que las extinciones del Pleistoceno tardío fueron inducidas por la llegada del hombre, un depredador nuevo, organizado en pequeños grupos sociales, culturalmente evolucionado, capaz de fabricar herramientas y artes de caza y, sobre todo, poseedor de una mortífera eficiencia en sus métodos de captura. La teoría de la sobrecaza sostiene que a medida que el hombre fue avanzando sobre el nuevo continente como una verdadera onda epidémica, fue dejando tras de sí una estela de extinciones de grandes herbívoros que, no acostumbrados a este nuevo depredador, sucumbieron fácilmente a la captura.

Lo que es claro, en todo caso, es que los primeros hombres

en América no fueron capaces de domesticar animales como lo hicieron los hombres asiáticos y europeos (la excepción, por supuesto, es la domesticación de las llamas y las vicuñas por los incas y, aunque menos importante, la de los patos y los guajolotes en la cuenca de México). La presión de la caza sobre las poblaciones de grandes herbívoros extinguió un gran número de especies. Muy pronto los hombres americanos tuvieron que enfrentar su supervivencia colectando plantas y pequeños animales, incluso insectos. Curiosamente, su incapacidad para domesticar especies animales aceleró más tarde la domesticación de plantas de cultivo. La domesticación del maíz es uno de los procesos de cambio genético de una población silvestre más rápidos que se conocen. En unos pocos miles de años, un tiempo relativamente corto para los ritmos de los procesos culturales en la prehistoria, aquellos primeros cazadores que llegaron a América se habían transformado en eficientes agricultores sedentarios. El proceso de extinción de grandes animales proveedores de carne aceleró el proceso de desarrollo de la agricultura y de domesticación de plantas silvestres en todo Mesoamérica. En la cuenca de México, en particular, las excavaciones arqueológicas muestran que la proporción de huesos en los restos de comida fue disminuyendo con el tiempo hasta formar menos del 1% de la dieta en los poblados agrícolas sedentarios durante el periodo clásico y los posteriores (Sanders, 1976a; Sanders et al., 1979).

El periodo prehispánico

Cuando la agricultura comenzó a desarrollase en la cuenca, hace unos 7 000 años (Lorenzo, 1981; Niederberger, 1979), los grupos humanos en el área se hicieron sedentarios y empezaron a organizarse en pequeños poblados ocupando las partes bajas del valle. Los primeros grupos sedentarios se establecieron en áreas planas que poseían un buen potencial productivo y adecuada humedad, pero que, al mismo tiempo, se encontraban cerca de áreas más elevadas como para evitar las inundaciones durante la temporada de lluvias (Niederberger, 1979).

Entre los años 1700 y 1100 a. C., los primeros poblados grandes empezaron a formarse al noreste de la cuenca. Para el año 100 a. C., la población de la cuenca era de aproximadamente 15 000 habitantes, con varios pueblos de más de 1 000 personas distribuidos en diferentes partes del valle. Hacia los comienzos de la Era Cristiana la población de Texcoco, al este de la cuenca, era ya de unos 3 500 habitantes. En esa misma época comenzó el desarrollo del centro urbano y religioso de Teotihuacan, al noreste del lago de Texcoco y suficientemente alejado de las áreas más proclives a las inundaciones. Hacia el año 100 d. C., Teotihuacan tenía ya unos 30 000 habitantes, y cinco siglos más tarde, en el año 650, la población de este gran centro ceremonial alcanzó a superar los 100 000 habitantes (Parsons, 1976). Un siglo más tarde, la población de Teotihuacan había descendido nuevamente a menos de 10 000 habitantes. No se sabe con certeza cuál fue la causa del colapso de esta cultura. Algunos investigadores lo atribuyen al alzamiento de grupos sometidos; otros, al agotamiento de los recursos naturales explotados por los teotihuacanos. Aun si la primera hipótesis fuera cierta, el significado ecológico del tributo que se exigía a los grupos sometidos era el de aportar recursos naturales con los que se subsidiaba la economía local. En cualquiera de las dos hipótesis, por lo tanto, el agotamiento de los recursos naturales y el conflicto sobre su apropiación aparecen como la causa principal. Según Sanders (1976a; véase también Sanders *et al.*, 1979) la sobreexplotación de los recursos naturales semiáridos que rodean a Teotihuacan, junto con la falta de una tecnología apropiada para explotar los terrenos fértiles pero inundables del fondo de la cuenca, fueron determinantes decisivos en el colapso de esta civilización.

Varias culturas existieron en las márgenes de los lagos antes y durante la llegada y el establecimiento de los aztecas.

Además de los asentamientos originales en Teotihuacan, Texcoco y en varios otros pueblos menores, inmigrantes de otros grupos étnicos se fueron asentando en la cuenca. Los chichimecas, provenientes del norte, se asentaron en Xoloc; mientras que acolhuas, tepanecas y otomíes ocupaban las márgenes occidentales del lago (Azcapotzalco, Tlacopan y Coyohuacan) y grupos de influencia tolteca se establecían al oriente (Culhuacán, Chimalpa y Chimalhuacán). El sistema lacustre en el fondo de la cuenca se fue rodeando lentamente de un cúmulo de pequeños poblados. El desarrollo de nuevas técnicas agrícolas basadas en el riego por inundación del subsuelo y en la construcción de canales, permitieron un impresionante aumento en las densidades poblacionales. En los campos cultivados con esta nueva técnica, las chinampas, los canales servían a la vez como vías de comunicación y de drenaje, mientras que la agricultura en campos rellenados con el sedimento extraído de los canales permitió un mejor control de las inundaciones. Los grupos residentes, al mismo tiempo, fueron aprendiendo a reemplazar la falta de grandes herbívoros para la caza con la caza y recolección de productos de los lagos y de los canales, entre ellos varias especies de peces y de aves acuáticas, ranas, ajolotes, insectos y acociles, así como con la recolección de quelites y hierbas verdes descritos en el capítulo anterior.

Alrededor del año 1325, los aztecas —o mexicas— llegaron del norte y fundaron su ciudad en una isla baja e inundable, la isla de Tenochtitlan, que en pocos siglos se convirtió en la capital del poderoso imperio azteca y en el centro político, religioso y económico de toda Mesoamérica. Aún no se sabe con certeza la razón por la cual los aztecas eligieron este sitio para fundar su ciudad, pero la elección se convirtió con el tiempo en una leyenda de gran importancia cultural y en un elemento de tradición e identidad étnica. Según la leyenda azteca, el lugar de asentamiento de su ciudad fue revelado por los dioses bajo la forma de un águila devorando una serpiente sobre un nopal. Esta manifestación fue tomada como señal del fin de su larga peregrinación desde Aztlán. Se puede argumentar que, para la civilización lacustre de la cuenca en ese momento, los asentamientos en tierras más altas no representaban ninguna ventaja, porque éstas no eran cultivables bajo el sistema de chinampas que era la base económica de todos los grupos humanos en la región. Es también probable que durante las primeras etapas de su asentamiento, los aztecas no dispusieran del poder militar necesario para desplazar a otros grupos de los mejores sitios agrícolas. Aunque menos valiosa desde el punto de vista agrícola que las vecinas localidades de Texcoco, Azcapotzalco, o Xochimilco, la pequeña e inundable isla de Tenochtitlan se encontraba físicamente en el centro de la cuenca. Esta característica fue un elemento de gran importancia en la cosmovisión azteca, que se basó en la creencia de que la isla era el eje cosmológico de la región, el verdadero centro de toda la Tierra. Reforzada por la necesidad de obtener alimentos de fuentes externas, esta creencia probablemente determinó en gran medida la estructura social de la metrópoli azteca, organizada alrededor de guerreros despiadados y de una poderosa casta sacerdotal. Estas dos clases mantuvieron un inmenso imperio basado en la guerra ritual y en la dominación de los grupos vecinos (García Quintana y Romero Galván, 1978).

Entre los años de 1200 y de 1400 d. C., antes, durante y después de la llegada de los aztecas, una impresionante sucesión de cambios culturales y tecnológicos tuvo lugar en la cuenca, tanto antes como después de la fundación de Tenochtitlan. Se estima que hacia finales del siglo XV la población de la cuenca alcanzó el millón y medio de habitantes, distribuidos en más de cien poblados. En ese tiempo la cuenca de México era, con toda seguridad, el área urbana más grande y más densamente poblada de todo el planeta. Tlatelolco, originalmente una ciudad separada de Tenochtitlan, había sido anexado por los aztecas en 1473 y formaba parte de la gran ciudad. La ciudad presentaba una traza cuadrangular de algo más de tres kilómetros por lado, con una superficie total de cerca de 1 000 hectáreas. Estaba dividida en barrios o calpulli relativamente autónomos, en los que se elegían los jefes locales. Los espacios verdes eran amplios: las casas de los señores tenían grandes patios interiores y las chozas de los plebeyos se encontraban al lado de su chinampa, en la que se mezclaban plantas comestibles, medicinales y de ornato. La mitad de cada calle era de tierra dura y la otra estaba ocupada por un canal. Dado que los aztecas no usaban animales de carga ni vehículos terrestres, el transporte de carga por medio de chalupas y trajineras era el medio más eficiente.

Las dos islas más grandes y pobladas del lago, Tenochtitlan y Tlatelolco, habían sido unidas a un grupo de islas menores mediante calles elevadas, formando un gran conglomerado urbano rodeado por las aguas del lago y vinculado con las márgenes del lago a través de tres calzadas elevadas hechas de madera, piedra y barro apisonado. Dos acueductos, construidos con tubos de barro estucado, traían agua potable al centro de Tenochtitlan: uno bajaba de Chapultepec por la calzada a Tlacopan y el otro venía de Churubusco por la calzada a Iztapalapa. Para controlar las inundaciones, un largo albardón —la presa de Nezahualcóyotl— había sido construido en la margen este de la ciudad, para separar las aguas de Tenochtitlan de las del gran cuerpo de agua que formaba en esa época el Lago de Texcoco.

Vale la pena discutir, en este momento, el fenómeno del canibalismo ritual de los aztecas como un problema relacionado con el uso ambiental de la cuenca. Existen dos grandes corrientes antropológicas que tratan de explicar este fenómeno (Anawalt, 1986). La primera, una corriente humanista, explica el canibalismo ritual como el resultado de la concepción azteca del Cosmos. Según estos pensadores, la ideología particular y las creencias religiosas de los aztecas fueron el motor principal de estos ritos sangrientos. Otros investigadores, que llamaremos la corriente materialista, no otorgan a la ideología un lugar tan importante y piensan que las presiones materiales generadas por el mismo crecimiento de la población fueron la causa principal del canibalismo. Para algunos, este ritual servía como un cruento mecanismo de control demográfico; para otros, proporcionaba a los sacerdotes y a los guerreros un suplemento alimenticio altamente proteico en una sociedad donde la obtención de proteínas representaba un problema social. Como en todas las polémicas de este tipo, es probable que ambos grupos tengan algo de razón. La respuesta a este enigma puede encontrarse, en parte, en los recientes hallazgos de Eduardo Matos Moctezuma (1987) en las excavaciones del Templo Mayor de Tenochtitlan. Estos estudios han demostrado que el Imperio azteca estaba basado en el culto religioso del Sol, la guerra y los sacrificios. Según Matos, las dos divinidades que compartían el santuario en la cúspide del Templo Mayor, Tláloc, el dios de la lluvia y el agua, y Huitzilopochtli, el dios del Sol y de la guerra, representaban las bases del poder azteca: la agricultura y el tributo guerrero. El Templo Mayor constituía el centro del Imperio azteca y era también su mayor símbolo, la representación material de su cosmovisión. Funcionaba como observatorio astronómico y permitía regular y administrar la eficiente agricultura mexica, uno de los principales pilares del imperio. Pero también funcionaba como lugar ceremonial en el centro físico de la cuenca, al cual llegaban tributos de toda la periferia sojuzgada mediante la guerra. Entonces, el Templo era también una especie de metáfora del segundo soporte del imperio, la apropiación de recursos exógenos a la cuenca. El desarrollo agrícola y la apropiación de tributos mediante la guerra formaban parte fundamental del universo ideológico y de las necesidades materiales de lo que ya en el siglo XIV era la región más densamente poblada del planeta. De esta manera, la explicación ideológica del canibalismo azteca quedaría enmarcada en una lógica económica: el macabro ritual servía para legitimar el poder de los dirigentes, para mantener el espíritu militarista y, en última instancia, para preservar el sistema de conquista y tributo guerrero que permitía a los aztecas apropiarse de los productos generados por otros grupos (Duverger, 1983).

La Conquista

Cuando los españoles llegaron, en 1519, la cuenca se encontraba ocupada por una civilización bien desarrollada, cuya economía giraba fundamentalmente alrededor del cultivo de las chinampas que rodeaban al lago. La magnificencia de sus áreas verdes impresionó tanto a Hernán Cortés que incluyó largas descripciones de los jardines de Tenochtitlan en sus *Cartas de relación* al emperador Carlos V. Por ejemplo, al describir una casa de un señor mexica, Cortés refirió lo siguiente:

> Tiene muchos cuartos altos y bajos, jardines muy frescos de muchos árboles y rosas olorosas; así mismo albercas de agua dulce muy bien labradas, con sus escaleras hasta lo hondo. Tiene una muy grande huerta junto a la casa, y sobre ella un mirador de muy hermosos corredores y salas, y dentro de la huerta una muy grande alberca de agua dulce, muy cuadrada, y las paredes de gentil cantería, y alrededor de ella un andén de muy buen suelo ladrillado, tan ancho que pueden ir por él cuatro paseándose; y tiene de cuadra cuatrocientos pasos, que son en torno mil y seiscientos; de la otra parte del andén hacia la pared de la huerta va todo labrado de cañas con unas vergas, y detrás de ellas todo de arboledas y hierbas olorosas, y dentro de la alberca hay mucho pescado y muchas aves, así como lavancos y zarzetas y otros géneros de aves de agua, tantas que muchas veces casi cubren al agua. (Segunda carta de relación, 30 de octubre de 1520.)

Desafortunadamente, la admiración de los españoles hacia la cultura azteca fue más bien efímera. Después de un sitio de noventa días, los soldados de Cortés, apoyados por un gran ejército de aliados locales que querían liberarse del dominio mexica, tomaron Tenochtitlan y en un tiempo muy breve desmantelaron totalmente la estructura social de la metrópoli azteca. La ciudad misma, símbolo de la cosmología y del modo de vida de los mexicas, sufrió de manera especial esta profunda transformación (DDF, 1983). Con el apoyo del trabajo barato que proveía la población conquistada, los españoles rediseñaron la ciudad completamente, construyendo nuevos edificios coloniales de estilo español en lugar de los templos y palacios aztecas.

Con la conquista española, los caballos y el ganado fueron introducidos a la cuenca de México y tanto los métodos de transporte como la agricultura sufrieron una transformación radical. Muchos de los antiguos canales aztecas fueron rellenados para construir sobre ellos calles elevadas, adecuadas para los carros y los caballos. De esta manera, las chinampas comenzaron a ser desplazadas del centro de la ciudad. Un nuevo acueducto fue construido desde Chapultepec hasta el zócalo de la nueva ciudad colonial. El ganado doméstico europeo (vacas, borregos, cabras, cerdos y pollos) trajo a la cuenca una nueva fuente de proteína. Con el ganado no sólo cambiaron los hábitos alimenticios de las clases dominantes (los campesinos mantuvieron su dieta básica de maíz, frijoles y chile), sino que cambió también el uso del suelo —por el pastoreo— y la utilización de los productos agrícolas —por el uso de granos como el maíz, que antes de la Conquista eran reservados exclusivamente para el consumo humano y que los españoles comenzaron a usar para alimentar a sus animales.

Así, la fisonomía general de la cuenca comenzó a cambiar profundamente. Los densos bosques que rodeaban al lago comenzaron a ser talados para proveer de madera a la ciudad colonial y abrir campos de pastoreo para el ganado doméstico. La llegada de los españoles también trajo una gran disminución en la población de la cuenca, en parte por las matanzas asociadas a la guerra de dominación, en parte por emigración de los grupos indígenas residentes, pero sobre todo por la llegada de las nuevas enfermedades infecciosas que trajeron los españoles, contra las cuales los pobladores indígenas no tenían resistencia inmunológica (León Portilla, Garibay y Beltrán, 1972). Un siglo después de la Conquista, la población total de la cuenca había disminuido a menos de 100 000 personas.

La Colonia

Los españoles, a su vez, fueron también transformados por la cultura indígena, de una manera quizás más sutil pero igualmente irreversible. El México colonial se convirtió en una síntesis de la cultura azteca y de la cultura española, la cual a su vez se encontraba fuertemente influida por siglos de ocupación árabe en la Península Ibérica. La avanzada agricultura indígena desarrollada en la cuenca y el uso tradicional de la rica flora mexicana, armonizaron bien con la tradición árabe-española de los patios y jardines interiores. Otro elemento urbanístico de gran importancia social, compartido por las culturas azteca y española, era la existencia de grandes espacios abiertos en el centro de las ciudades, rodeados de los principales centros ceremoniales, religiosos y de gobierno, y generalmente cerca también del mercado de la ciudad (Anónimo, 1788). Así, las plazas y los mercados en general y el zócalo de la ciudad en particular, se convirtieron en los ejes de la vida colonial, la arena pública donde las clases sociales se daban la cara, el lugar de encuentro donde los elementos aztecas y españoles se fueron mezclando lentamente en una nueva cultura.

Algunas diferencias culturales persistentes, sin embargo, siguieron provocando lentamente la transformación del paisaje de la cuenca. Desde el principio de la Colonia fue claro que la nueva traza que querían imponer los españoles a la ciudad era incompatible con la naturaleza lacustre del valle (Sala Catalá, 1986). El relleno de los canales aztecas para construir calzadas elevadas empezó a obstruir el drenaje superficial de la cuenca y empezaron a formarse grandes superficies de agua estancada (Anónimo, 1788), mientras que el pastoreo y la tala de las laderas boscosas que rodeaban a la cuenca aumentó la escorrentía superficial durante las intensas lluvias del verano. La primera inundación severa ocurrió en 1553, seguida de nuevas inundaciones en 1580, 1604, 1629, y posteriormente a intervalos cada vez más cortos (Sala Catalá, 1986). Durante las temporadas de secas, por otro lado, los lagos se veían cada vez más bajos. Humboldt, describió este fenómeno en 1822 en su *Ensayo político sobre el Reino de la Nueva España*:

> Parece, pues, que los primeros conquistadores quisieron que el hermoso valle de Tenochtitlan se pareciese en todo al suelo castellano en lo árido y despojado de su vegetación. Desde el siglo XVI se han cortado sin tino los árboles, así en el llano sobre el que está situada la capital como en los montes que la rodean. La construcción de la nueva ciudad, comenzada en 1524, consumió una inmensa cantidad de maderas de armazón y pilotaje. Entonces se destruyeron, y hoy se continúa destruyendo diariamente, sin plantar nada de nuevo, si se exceptúan los paseos y alamedas que los últimos virreyes han hecho alrededor de la ciudad y que llevan sus nombres. La falta de vegetación deja el suelo descubierto a la fuerza directa de los rayos del sol, y la humedad que no se había ya perdido en las filtraciones de la roca amigdaloide basáltica y esponjosa, se evapora rápidamente y se disuelve en el aire, cuando ni las hojas de los árboles ni lo frondoso de la yerba defienden el suelo de la influencia del sol y vientos secos del mediodía.
>
> Como en todo el valle existe la misma causa, han disminuido visiblemente en él la abundancia y circulación de las aguas. El lago de Texcoco, que es el más hermoso de los cinco, y que Cortés en sus cartas llama mar interior, recibe actualmente mucha menos agua por infiltración que en el siglo XVI, porque en todas partes tienen unas mismas consecuencias los descuajos y la destrucción de los bosques.

La poca altura de las montañas al norte de la cuenca y la existencia de pasos casi a nivel entre algunas de ellas llevaron al gobierno colonial a planear el drenaje de la cuenca

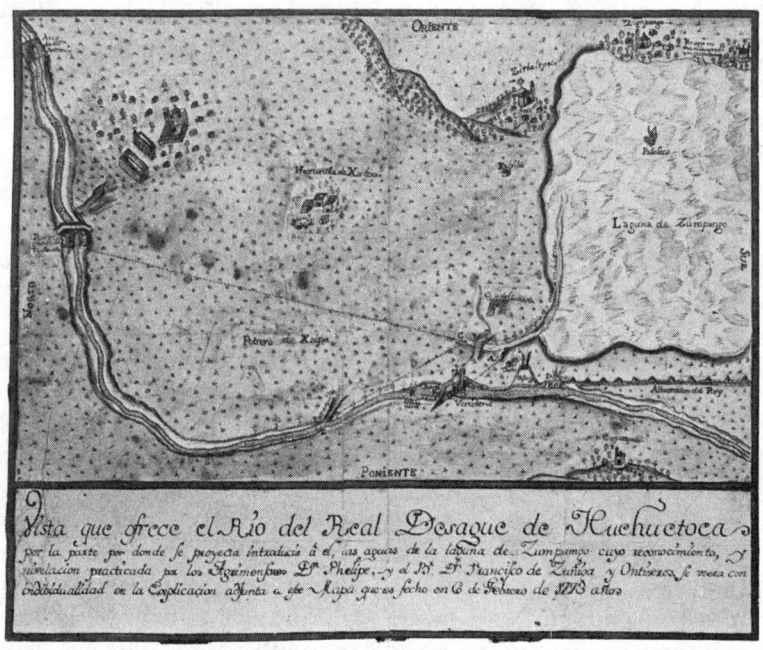

Figura 2. El canal de Huehuetoca en 1773, según los agrimensores Felipe y Francisco de Zúñiga y Ontiveros (tomado de Trabulse, 1983).

hacia el norte, desde los alrededores del lago de Zumpango hacia el área de Huehuetoca. El primer canal de drenaje tenía 15 km de longitud, de los cuales 6 km formaban una galería subterránea en Nochistongo (Figura 2). En el año de 1608 este canal abrió por primera vez la cuenca de México hacia el Océano Atlántico a través de la cuenca del río Tula, en el actual Estado de Hidalgo (Lara, 1988). El continuo azolvamiento de la galería obligó al virreinato a abrir, dos siglos más tarde, un canal profundo a cielo abierto conocido como el "Tajo de Nochistongo". Las obras del drenaje de Huehuetoca continuaron hasta principios del siglo XX. Inicialmente el canal funcionaba sólo como un vertedero del exceso de agua en la cuenca, pero con la construcción del canal de Guadalupe en 1796, el sistema de eliminación de aguas hacia el Tula se conectó con el Lago de Texcoco y las áreas lacustres de la cuenca comenzaron a achicarse rápidamente.

En 1769 se dio por primera vez una discusión en el seno del gobierno colonial sobre la conveniencia de secar los lagos. José Antonio Alzate, un pionero de las ciencias naturales en México, fue el único en alzar su voz contra el proyecto, para sugerir que mejor se emprendiera la construcción de un canal regulador que controlara los niveles del Lago de Texcoco y mantuviera al mismo tiempo las superficies lacustres de la cuenca (Trabulse, 1983; Figura 3).

La Independencia

La guerra de Independencia (1810–1821) produjo pocos cambios en la fisonomía general de la ciudad (González Angulo y Terán Trillo, 1976). Los cambios más importantes durante este periodo los trajeron las leyes de Reforma, cuatro décadas después de la Independencia, que impusieron severas restricciones al poder de la iglesia. A pesar de la Reforma, las plazas continuaron siendo el centro de la vida cultural, política y religiosa de la ciudad. Posiblemente el efecto más importante de la Reforma fue el hacer efectiva la ley de desamortización promulgada en 1856. Esta ley establecía que todas las fincas rústicas y urbanas de las corporaciones religiosas y civiles se adjudicarían en propiedad a sus arrendatarios por un valor calculado a partir de la renta vigente. La ley de desamortización abrió el camino a la ruptura de la traza colonial y facilitó la expansión urbana sobre terrenos que habían sido de la iglesia, del ayuntamiento y de las parcialidades indígenas, como conventos, colegios, escuelas, potreros, huertas y tierras de labranza. El efecto de la desamortización, sin embargo, no fue inmediato. Su manifestación más notable se observó casi treinta años más tarde, cuando la burguesía porfirista comenzó a edificar un nuevo modelo de ciudad durante el auge de la revolución industrial.

Durante el siglo XIX se hicieron muchas mejoras a los espacios verdes urbanos, particularmente durante el periodo

Figura 3. Proyecto para el desagüe del Lago de Texcoco realizado por José Antonio de Alzate y Ramírez (tomado de Trabulse, 1983). Alzate se oponía a la desecación total del lago, temiendo que ello alteraría severamente el clima y la economía productiva de la cuenca de México.

de la intervención francesa (1865–1867), cuando el emperador Maximiliano reforestó muchas plazas de la ciudad siguiendo el diseño de los "jardines románticos" franceses. El Paseo de la Reforma, iniciado en 1865 por Maximiliano para transportarse más rápidamente del Palacio de Gobierno al Castillo de Chapultepec, fue finalizado más tarde por Sebastián Lerdo de Tejada. Cautivadas por la traza "europea" del paseo, las familias más ricas de la burguesía porfirista comenzaron a edificar grandes casonas sobre Reforma a finales del siglo XIX, iniciando así un movimiento de las colonias burguesas hacia el oeste de la ciudad que es todavía notable en la actualidad.

Las obras de drenaje del canal de Huehuetoca se ampliaron considerablemente durante el siglo XIX y, por primera vez, muchos citadinos comunes comenzaron a preocuparse por las consecuencias de secar los lagos. Una de estas consecuencias comenzó a hacerse evidente para muchos amantes de la jardinería: una costra de sales, conocida como "salitre", comenzó a notarse en la superficie del suelo en muchas partes de la cuenca durante el tiempo de secas.

A pesar de las obras de drenaje, la navegación por canales fue un medio de transporte sumamente popular durante la Colonia y la Independencia, hasta finales del siglo pasado. Desde un muelle cercano al antiguo mercado de la Merced, al este del Zócalo capitalino, salían regularmente pequeños barcos de vapor hacia Xochimilco y Chalco (Sierra, 1984). El canal de La Viga, entre otros, permaneció activo durante buena parte del siglo y todavía era, como en los tiempos prehispánicos, una importante vía de transporte de productos agrícolas entre las chinampas de Xochimilco y el centro de la ciudad (Figura 4). También era un lugar favorito de paseo dominical para muchos mexicanos. Francis Calderón de la Barca, en 1840, describió el Canal de la Viga de la siguiente manera:

> Le bordea un canal con árboles que le dan sombra, y que conduce a las *chinampas*, y se ve siempre lleno de indios con sus embarcaciones, en las que traen frutas, flores y legumbres

Panorama del Paseo de La Viga.

Figura 4. Navegación en el Canal de la Viga a finales del siglo XIX (tomado de Sierra, 1984).

al mercado de México. Muy temprano en la mañana, es un agradable espectáculo verlos cómo se deslizan en sus canoas, cubiertas con toldos de verdes ramas y de flores.

Es el de la Viga uno de los más bellos paseos que imaginarse pueden, y aún podría mejorarse; pero así como está, con la agradable sombra de sus árboles y el canal por donde desfilan las canoas, en un constante y perezoso ir y venir, sería difícil, a la hora del apacible atardecer, momentos antes de transponerse el sol, de preferencia en una hermosa tarde de un día de fiesta, encontrar en cualquier otra parte un espectáculo tan placentero o más inconfundible. Cual sea la clase social que muestre mayor gusto por el modo de gozar, es cosa que debe dejarse al juicio de los sabios: si los indios, con sus guirnaldas de flores y sus guitarras, sus bailes y canciones, y aleando las fragantes brisas, mientras sus canoas se deslizan al filo del agua, o a las señoras luciendo sus mejores vestidos y encerradas en sus coches, que se pasean en silencio, devolviendo con un amable movimiento de abanico los saludos de sus bellas amigas desde el fondo de sus carruajes, temerosas, al parecer, de que la leve caricia del céfiro pudiera ofenderlas; y sin embargo, una brisa suave, cargada de aromas, corre sobre las aguas adormecidas, y los últimos rayos del sol doran las ramas de los árboles con una luz quebrada y ya fugaz...

Durante la prolongada dictadura de Porfirio Díaz, a finales del siglo XIX y principios del siglo XX, la Revolución Industrial se instaló en México. Se construyeron fábricas y ferrocarriles; y la ciudad se modernizó para beneficio de una pequeña burguesía, centralista y sumamente poderosa, cuyo objetivo urbanístico fue el de transformar las partes más ricas de la ciudad copiando la traza de las ciudades europeas de aquella época. Piezas de hierro fundido, fabricadas en Europa, fueron incorporadas profusamente a la arquitectura de los edificios públicos. Quioscos musicales, muchos de ellos al estilo del Pabellón Real de Brighton, fueron construidos en casi todas las plazas dando origen a una tradición de música de bandas que es todavía muy popular en las plazas de todo México.

Durante el porfiriato, por primera vez, la cuenca de México dejó de ser considerada como una serie de ciudades distintas, vinculadas más por el comercio que por una administración central, y empezó a ser considerada como una sola unidad vinculada por un gobierno central y una industria de importancia creciente. Los ferrocarriles recién instalados comenzaron a traer campesinos a la cuenca en busca de empleo en las nuevas fábricas y varios pueblos cercanos al centro de la ciudad, como Tacuba, Tacubaya y Azcapotzalco, fueron devorados por el creciente perímetro urbano.

LA REVOLUCIÓN

La Revolución Mexicana, entre 1910 y 1920, fue un periodo de crueles enfrentamientos entre la vieja burguesía porfirista, que defendía sus privilegios, y otros sectores sociales, fundamentalmente campesinos, que demandaban

CUADRO 1. Evolución de las áreas urbanas y la densidad poblacional en la ciudad de México desde 1600 hasta 1989 (Fuente: DDF, 1986)

Año	Superficie (km^2)	Población (miles)	Densidad ($hab./km^2$)
1600	5.5	58	10 584
1700	6.6	105	15 885
1800	10.8	137	12 732
1845	14.1	240	16 985
1900	27.5	541	19 673
1910	40.1	721	17 980
1921	46.4	906	19 534
1930	86.1	1 230	14 287
1940	117.5	1 760	14 974
1953	240.6	3 480	14 464
1980	980.0	13 800	14 082
1989(*)	1 371.0	19 200	14 000

* Valor proyectado.

mayor participación en la distribución de la riqueza nacional. La ciudad de México tenía en aquella época 700 000 habitantes y, asombrosamente, sufrió pocos daños durante el conflicto. La Revolución fue un movimiento fundamentalmente rural, y la ciudad se convirtió en un refugio para familias provincianas de clase media, las que emigraron hacia la cuenca de México buscando protección bajo la nueva burocracia revolucionaria y las industrias locales.

La Revolución se institucionalizó con la presidencia de Plutarco Elías Calles en 1924, y la paz volvió finalmente a México. El proceso de industrialización acelerado volvió a la ciudad, trayendo consigo, entre otras cosas, una marcada mejoría en el transporte público, la cual permitió la expansión del área urbana y, en consecuencia, la disminución en las densidades de la población urbana (Cuadro 1). Entre 1934 y 1940, durante el periodo presidencial de Lázaro Cárdenas, muchas demandas populares fueron satisfechas. Uno de los principales objetivos de Cárdenas fue la distribución de la tierra entre los campesinos. Se estableció la

Reforma Agraria como Secretaría de Gobierno y miles de nuevos ejidos fueron creados sobre las tierras repartidas. Como parte de sus preocupaciones por el uso de la tierra, Cárdenas confirió una gran importancia a la creación de parques nacionales. Se preocupó, especialmente, por crear parques en las montañas que rodean a la cuenca de México y por la creación de áreas verdes dentro del perímetro urbano. Como resultado de esta política fueron creados los parques nacionales Desierto de los Leones y Cumbres del Ajusco, al oeste y al sur de la ciudad. La creación de estos parques buscaba, entre otras cosas, proteger las laderas de la cuenca de la deforestación. Desafortunadamente, durante la presidencia de Miguel Alemán (1946-1952), una buena parte del Parque Nacional Cumbres del Ajusco fue cedido a las industrias papeleras Loreto y Peña Pobre, las que comenzaron un ambicioso programa de tala forestal (DDF, 1986). Aunque estas compañías se comprometieron a plantar algunos árboles como compensación, la eliminación del Parque Nacional y la deforestación de zonas boscosas cercanas a la ciudad abrieron el camino para la expansión de la traza urbana sobre importantes tierras forestales.

El México moderno

Durante el periodo posterior a la Revolución y sobre todo después de la segunda Guerra Mundial, el crecimiento industrial pregonado por el gobierno porfirista se hizo realidad. La ciudad de México se convirtió en una metrópolis industrial y comenzó un proceso de inmigración masiva desde el campo a la ciudad. En aproximadamente setenta años, la población del conglomerado urbano pasó de 700 000 (en el año de 1920) a 18 000 000 (en 1988). Ciudades periféricas como Coyoacán, Tlalpan y Xochimilco fueron incorporadas a la megalópolis. Se construyó un sistema de drenaje profundo para eliminar la torrencial escorrentía que generan miles de kilómetros cuadrados de asfalto y concreto y con este sistema de drenaje se acabaron de secar casi todos los antiguos lechos del lago. La disminución del agua del subsuelo en el fondo de la cuenca, producida por el bombeo de agua y el drenaje, produjo la contracción de las arcillas que antes formaban el lecho del lago y la ciudad se hundió unos nueve metros entre 1910 y 1988. Las velocidades del viento, extremadamente bajas en la altiplanicie de la cuenca, junto con la intensa actividad industrial y las emisiones de unos 4 000 000 de vehículos, han degradado la calidad de la atmósfera en la cuenca a niveles riesgosos para la salud humana.

El valle de México ha pasado ya por dos ciclos de expansión poblacional y colapso posterior. ¿Adónde irá a parar la cuenca de México en este nuevo ciclo de explosión demográfica? ¿Es posible discutir ordenada y metódicamente la dirección, la magnitud y el significado ambiental de estas inmensas transformaciones? En los siguientes capítulos analizaremos, a la luz de la información actualmente disponible, la trascendencia de estos cambios, y exploraremos algunas de sus posibles consecuencias futuras.

IV. Las variables ambientales

EN ESTE capítulo se analiza el estado actual de algunas variables ambientales de importancia en la cuenca de México, y se evalúa su tendencia al cambio. Por un lado, se pretende realizar un breve diagnóstico del estado actual de la cuenca, un análisis rápido de situación que nos permita conocer el grado de deterioro ecológico que presenta actualmente el medio ambiente. Pero además de conocer el estado actual del ambiente, es fundamental poder evaluar hacia dónde se dirigen las transformaciones, con qué velocidad

está cambiando el ambiente de la cuenca, y en qué dirección
—ecológicamente hablando— se mueven los cambios. La
transformación ambiental de la cuenca es un fenómeno tan
dinámico que, además de medir la magnitud del deterioro
actual (es decir, el "cómo estamos"), se hace imprescindible
conocer la velocidad de la transformación y la tendencia a
largo plazo (es decir, el "adónde vamos").

Para evaluar la magnitud de los cambios que han ocurrido en la cuenca de México, empleamos una técnica sencilla de uso común en demografía. El método se basa en el supuesto que, dentro de un periodo, la tasa de cambio de una determinada variable de interés urbanístico o demográfico se mantendrá relativamente constante (es obvio que este supuesto es tanto más válido cuanto más corto sea el periodo considerado). En otras palabras, suponemos que, dentro de un cierto tiempo, la tasa de cambio *per capita* para las variables bajo estudio, tales como la densidad poblacional, el número de automóviles, o el área urbana, permanece más o menos constante; o lo que es lo mismo, se asume que el número de niños por adulto, la producción de nuevos automóviles en relación con los que ya están en la calle, o la cantidad de nuevas urbanizaciones en relación con las superficies ya urbanizadas, es un parámetro más constante que las variables en sí mismas (en este caso, la densidad poblacional, el número de automóviles o el tamaño de la mancha urbana, respectivamente). Los detalles algebraicos del procedimiento utilizado para las simulaciones se presentan en el Apéndice de este libro. Aunque la formulación matemática es algo compleja, el concepto básico es sencillo: la transformación de las variables, si su tasa de cambio es constante, se comportará de la misma manera que el capital invertido en un banco. Cada año su valor se verá incrementado, o disminuido, en una cierta proporción fija, y a lo largo de varios años el cambio seguirá una ley geométrica similar a la del interés compuesto. Las variables tenderán a aumentar o disminuir geométricamente (es decir, en forma exponencial) con el paso del tiempo. El crecimiento o la disminución exponencial de las variables se mantendrá siempre que permanezca constante la tasa de cambio de las variables.

Con esta técnica se evaluó la tasa de cambio de diversas variables ambientales que son importantes indicadores de la calidad del medio, o de la intensidad de uso del ambiente, tales como la densidad poblacional, la cantidad de áreas verdes, la mancha urbana o el uso del agua. Su estado actual y su velocidad de cambio en el pasado serán analizados en el resto de este capítulo. Las consecuencias que podrían presentarse en el futuro si se mantienen las actuales tasas de transformación serán expuestas en el capítulo VI.

Población y uso del suelo

La población del área metropolitana de la ciudad de México (que incluye actualmente el Distrito Federal junto con las áreas conurbadas del Estado de México, y a la que nos referiremos en el resto de este libro en un sentido amplio como ciudad de México) ha venido creciendo en forma continua desde fines de la Revolución (Cuadro 1). Entre 1950 y 1980, la tasa media de crecimiento anual fue de 4.8% (Cuadro 2). El crecimiento poblacional se extendió más rápidamente hacia las áreas industriales del Estado de México, al norte del Distrito Federal, en las que la tasa de crecimiento fue considerablemente mayor (13.6%), mientras que el crecimiento poblacional en el Distrito Federal ha sido menor (3.3%), pero siempre superior al del resto del país.

Gran parte de la alta tasa de crecimiento de la ciudad se debe al continuo arribo de inmigrantes provenientes de áreas rurales empobrecidas (Unikel, 1974; Stern, 1977; Goldani, 1977). Entre 1970 y 1980, por ejemplo, 3 248 000 inmigrantes se asentaron definitivamente en la ciudad de México (Calderón y Hernández, 1987). Si el efecto de la inmigración es tomado en consideración para corregir los cálculos, la

CUADRO 2. Población de la ciudad de México desde 1519 a 1989, en millones de habitantes. Los datos anteriores a 1950 son estimaciones aproximadas y corresponden a sucesos históricos de importancia (Fuente: DDF, 1987)

Año	Distrito Federal	Estado de México	Total
1519 (Conquista)	0.3	—	0.3
1620 (Colonia)	0.03	—	0.03
1810 (Independencia)	0.1	—	0.1
1910 (Revolución)	0.7	—	0.5
1940 (Cardenismo)	1.8	—	1.8
1950	3.0	—	3.0
1960	4.8	0.4	5.2
1970	6.8	1.9	8.7
1980	8.8	5.0	13.8
1986	10.0	6.7	16.7
1989	11.0(*)	8.2(*)	19.2(*)
Tasa media de crecimiento anual (1950–86)	3.3%	13.6%	4.8%
Error estándar	0.3%	1.7%	0.2%

* Valor proyectado.

tasa de crecimiento de la población urbana se puede estimar como aproximadamente 1.8%, mucho más baja que la media nacional, que fue 3.0% para el periodo 1970–1980. En resumen, es la inmigración, y no el crecimiento reproductivo de la población lo que mantiene las altas tasas de crecimiento poblacional de la ciudad de México. Proyectando las tasas calculadas sobre la población de 1987, de aproximadamente 18 000 000 de habitantes, puede estimarse que cada día nacen en promedio 900 niños en la ciudad de México, pero llegan 1 500 campesinos a establecerse en el área. La inmigración tiene un efecto adicional que exagera aún más la asimetría de la relación entre inmigración y natalidad: muchos de los nacimientos registrados en la ciudad de México provienen de parejas recientemente in-

CUADRO 3. Área urbana total, estimada a partir de fotografías aéreas, desde 1953 hasta 1980 (Fuente: DDF, 1986)

Año	Área (km^2)
1953	240.6
1980	980.0
Tasa estimada de crecimiento anual	5.2%

migradas. De esta manera la inmigración, al traer personas fundamentalmente en edad reproductiva, tiene también un efecto colateral, pero considerable, sobre las tasas de nacimientos en la cuenca (Goldani, 1977).

El crecimiento de la mancha urbana, estimado a partir de fotografías aéreas de 1953 y 1980, es de 5.2% anual, algo mayor al de la población (véanse cuadros 1 y 3, y figuras 5 a 7). En 1953 la ciudad de México cubría 240 km^2 (8% de la cuenca de México) mientras que en 1980 había aumentado a 980 km^2 (33% de la cuenca). La mayor parte de los nuevos desarrollos se han edificado sobre suelos agrícolas de alto valor productivo, lo que agrega un costo adicional al crecimiento de la ciudad: más de 50 000 hectáreas de buenos suelos agrícolas se han perdido durante los últimos treinta años. Adicionalmente, los nuevos desarrollos urbanos que no ocupan suelos agrícolas han sido creados sobre las laderas de la cuenca, sin tomar previsiones adecuadas en relación con el problema de la escorrentía y de la erosión hídrica que generan la tala y la construcción en áreas de fuerte pendiente. Como consecuencia, las avenidas de agua y la erosión del suelo han aumentado significativamente (Galindo y Morales, 1987).

Al aumentar la mancha urbana más rápido que la población, las densidades poblacionales tienden a disminuir (Cuadro 1 y figura 8). Intuitivamente, se esperaría que las menores densidades generaran una mayor disponibilidad de áreas verdes dentro de la ciudad. Sin embargo, no es así. La expansión de las áreas urbanas no ha mantenido el viejo estilo de desarrollo. Las nuevas urbanizaciones muestran una gran heterogeneidad, según el nivel de ingresos de los grupos sociales que las habitan, pero en general son pobremente planeadas e incluyen pocos espacios verdes. En 1950 la ciudad incluía una amplia proporción (21%) de áreas

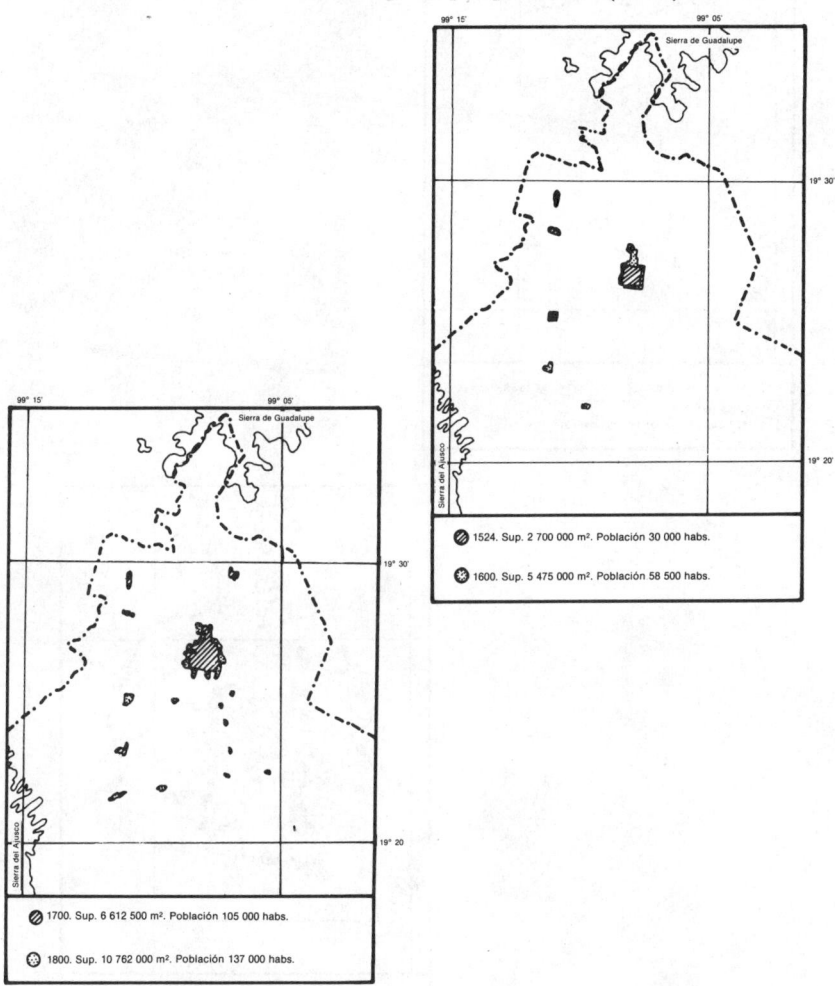

Figura 5. Cambios en las superficies urbanas de la cuenca de México entre 1524 y 1980. El límite político actual del Distrito Federal y la isoclina de los 2 500 m de elevación se indican para referencia (modificado de DDF, 1986).

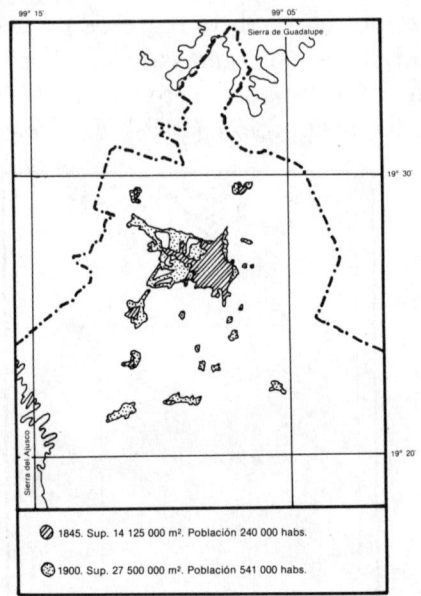

1845. Sup. 14 125 000 m². Población 240 000 habs.
1900. Sup. 27 500 000 m². Población 541 000 habs.

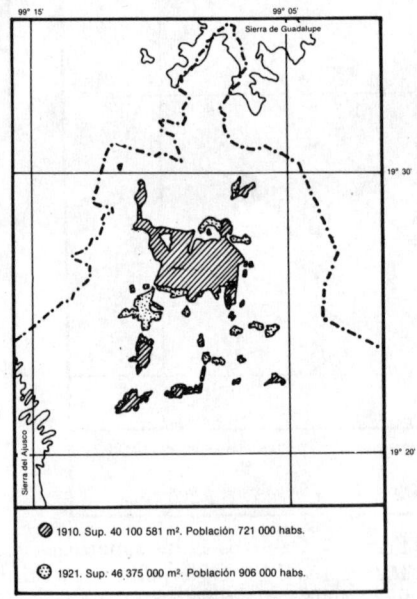

1910. Sup. 40 100 581 m². Población 721 000 habs.
1921. Sup. 46 375 000 m². Población 906 000 habs.

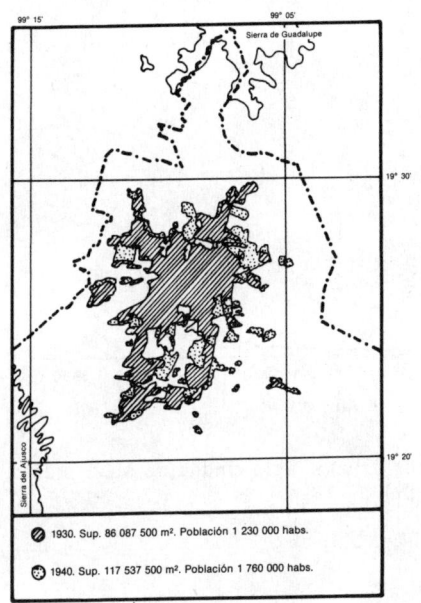

◐ 1930. Sup. 86 087 500 m². Población 1 230 000 habs.

◉ 1940. Sup. 117 537 500 m². Población 1 760 000 habs.

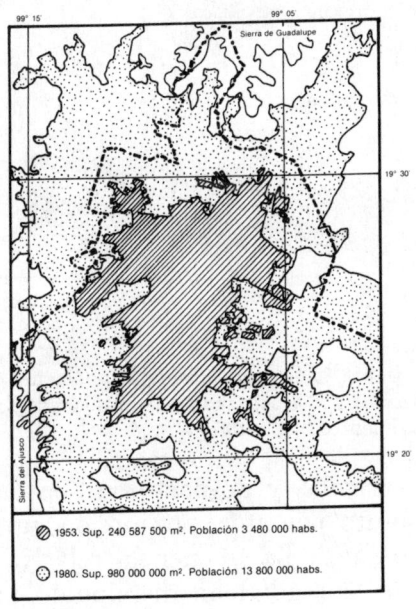

◐ 1953. Sup. 240 587 500 m². Población 3 480 000 habs.

◌ 1980. Sup. 980 000 000 m². Población 13 800 000 habs.

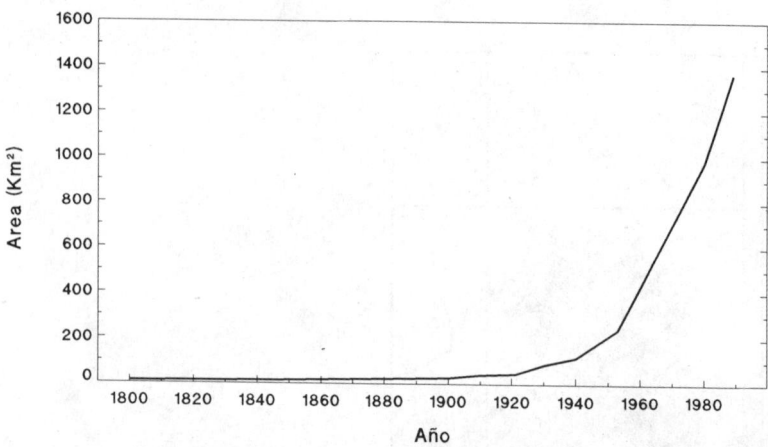

Figura 6. Crecimiento de la mancha urbana de la ciudad de México desde 1800 hasta 1980 (Fuente: DDF, 1987).

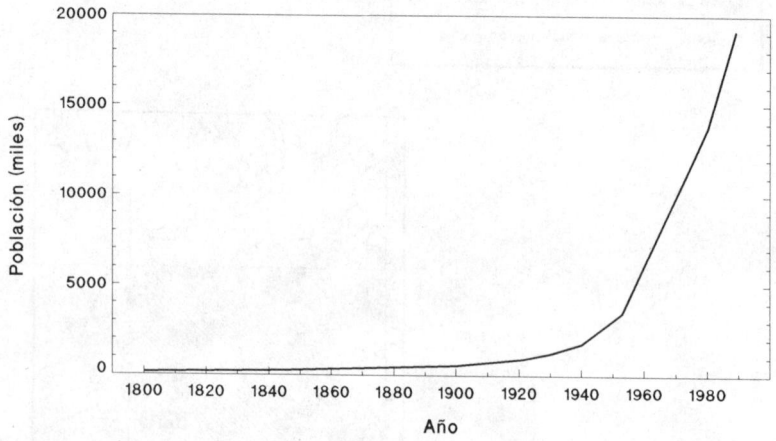

Figura 7. Crecimiento de la población de la ciudad de México desde 1800 hasta 1980, separado por entidades: Estado de México y Distrito Federal (Fuente: DDF, 1987).

agrícolas y de pastoreo dentro de la misma área urbana, junto con una proporción similar de parques y terrenos baldíos. La frecuencia relativa de las áreas verdes dentro de la ciudad ha disminuido bastante con el nuevo estilo industrial de urbanización. La proporción de todos los es-

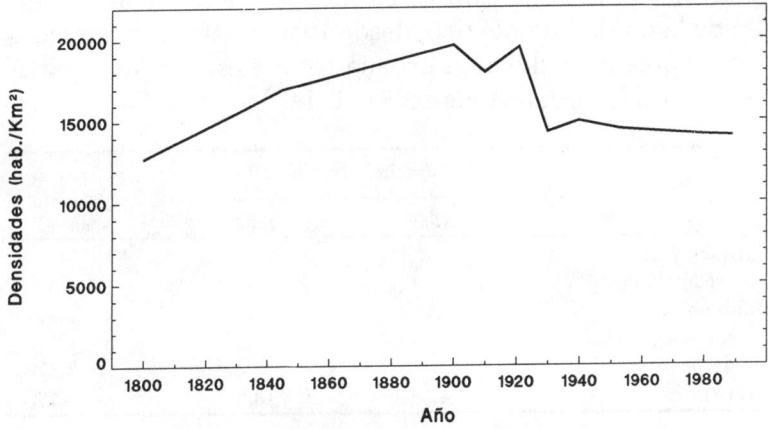

Figura 8. Variaciones en la densidad poblacional de la ciudad de México desde 1800 hasta 1980 (Fuente: DDF, 1987).

pacios verdes dentro del trazo urbano está disminuyendo, pero el fenómeno ocurre a tasas muy variables (Cuadro 4). Los terrenos agropastoriles, antiguamente muy importantes dentro de la ciudad, como granjas lecheras y milpas, se han ido extinguiendo a una tasa anual de -7.4% y hoy en día son casi inexistentes dentro de la ciudad. La mayor parte de estas áreas son actualmente ocupadas por industrias y por complejos habitacionales. Los parques y espacios públicos se han conservado mucho más, pero aun así están desapareciendo a una tasa de -1.5%, y por lo general son transformados en áreas pavimentadas para aliviar el intenso tráfico vehicular de la ciudad. Globalmente, las áreas verdes han estado desapareciendo a una tasa anual de -3.7%.

En un estudio sobre los cambios en el uso del suelo dentro de la ciudad de México, realizado a partir de fotografías aéreas de 1950 y de 1980, Lavín (1983) encontró que las tasas de desaparición de las áreas verdes varían también significativamente de un sector de la ciudad a otro (Cuadro 5 y figura 9). El este de la ciudad, donde se encuentran los mayores asentamientos proletarios (en particular, ciudad Netzahualcóyotl y anexas, con cerca de 3 000 000 de ha-

CUADRO 4. Tasa de cambio en las superficies de áreas verdes de la ciudad de México, desde 1950 hasta 1980, medidas como porcentaje del área urbana total y estimadas a partir de fotografías aéreas (Fuente: Lavín, 1983)

	Superficie relativa (%)		Tasa de cambio anual
	1950	1980	
Parques y áreas de recreación	13.1	8.3	− 1.5%
Baldíos	8.1	3.2	− 3.1%
Terrenos agrícolas y de pastoreo	21.2	2.3	− 7.4%
TOTAL	42.4	13.8	− 3.7%

CUADRO 5. Tasas de cambio de las áreas verdes dentro de diferentes sectores de la ciudad de México, desde 1950 hasta 1980, medidas como porcentaje de la superficie del sector y estimadas a partir de fotografías aéreas (Fuente: Lavín, 1983)

Sector	Superficie relativa (%)		Tasa de cambio anual
	1950	1980	
Norte	52.6	21.8	− 2.9%
Sur	41.6	14.7	− 3.5%
Este	23.5	4.0	− 5.9%
Oeste	62.5	28.1	− 2.7%
Centro	5.0	3.7	− 1.0%

bitantes), es el sector donde la ciudad está cambiando con más rapidez: en esa zona casi 6% de todas las áreas verdes desaparecieron anualmente entre 1950 y 1980. El centro de la ciudad, en cambio, fue el área donde los cambios fueron más lentos: sólo 1% de las áreas verdes desapareció anualmente durante el mismo periodo. La tasa de cambio dentro de las áreas urbanizadas depende en gran medida del periodo de desarrollo de la urbanización y de la posición social de sus habitantes. En las áreas más pobres los espacios abiertos son rápidamente ocupados por nuevas casas y hay

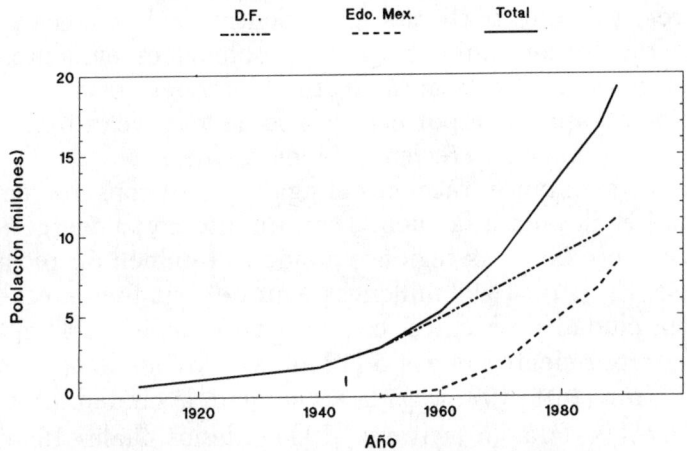

Figura 9. Crecimiento de la población en la ciudad de México, separado por entidades (Distrito Federal y Estado de México). Los mayores crecimientos en los últimos 20 años se registran en el Estado de México (Fuente: DDF, 1987).

menos áreas verdes por habitante. La distribución de áreas verdes, como la distribución de la riqueza, es hoy en día muy heterogénea y varía considerablemente de una parte de la ciudad a otra. Aunque algunos sectores tienen más de $10\,m^2$ de áreas verdes por habitante, la mayoría tienen mucho menos. Azcapotzalco, con una población de cerca de 700 000 habitantes, tiene actualmente $0.9\,m^2$ de áreas verdes por habitante (Calvillo Ortega, 1978; Barradas y J-Seres, 1987).

AGUA

Desde el punto de vista del uso de los recursos naturales, la cuenca de México ha cambiado durante este siglo de un alto nivel de autosuficiencia a una completa dependencia de productos provenientes de otras regiones. Los mejores suelos de la cuenca han sido ocupados por construcciones, el acuífero subterráneo se ha hundido en algunas zonas más de diez metros, y buena parte del agua dentro de la cuenca está fuertemente contaminada. Este problema es evidente en Xochimilco, donde la agricultura chinampera está en proceso de desaparición por el descenso de los niveles freáticos y la contaminación creciente de los canales.

Una importante fracción del agua que se consume en la ciudad es llevada a la cuenca con un alto costo energético, proveniente de otras regiones donde es también un recurso escaso. En 1976, 1 293 millones de m^3 de agua fueron usados por la ciudad de México, con un gasto medio de 41 m^3/s. Treinta por ciento del gasto (12 m^3/s) provino de la cuenca del Lerma (DDF, 1977). En la actualidad, la ciudad usa más de 60 m^3/s de agua (Álvarez, 1985), de los cuales 15 m^3/s (*ca.* 510 millones m^3/año) provienen de las cuencas del Lerma y del Cutzamala (Figura 10). La dotación promedio de agua para la ciudad de México es de unos 300 l/persona, más que en muchas ciudades de Europa (Álvarez, 1985). A pesar de ello, muchas colonias sufren crónicamente de falta de agua. Esto se debe a que el uso industrial del agua es muy ineficiente, a que sólo el 7% de las aguas negras son recicladas y a que 20 y 30% del gasto se pierde por tuberías rotas o en mal estado. La rotura de tuberías en el subsuelo lodoso de la ciudad representa también un riesgo continuo para la salud, por la posibilidad de contaminación con microorganismos provenientes del sistema de drenaje. Así, las enfermedades gastrointestinales son uno de los problemas de salud más frecuentes dentro de la ciudad.

Aproximadamente 2 m^3/s de las aguas negras producidas por la ciudad son tratados y usados fundamentalmente para irrigación de parques y de plazas (DDF, 1974). El resto (unos 40 m^3/s) es eliminado de la cuenca a través del sistema de drenaje profundo, y se usa sobre todo para irrigación en el estado de Hidalgo (Figura 11). La diferencia entre lo que ingresa a la red y lo que sale por el drenaje se pierde en el riego de parques y jardines, o a través de la evaporación directa a la atmósfera. El drenaje y secado de los lagos de la cuenca de México ha producido un fenómeno estacional de tolva-

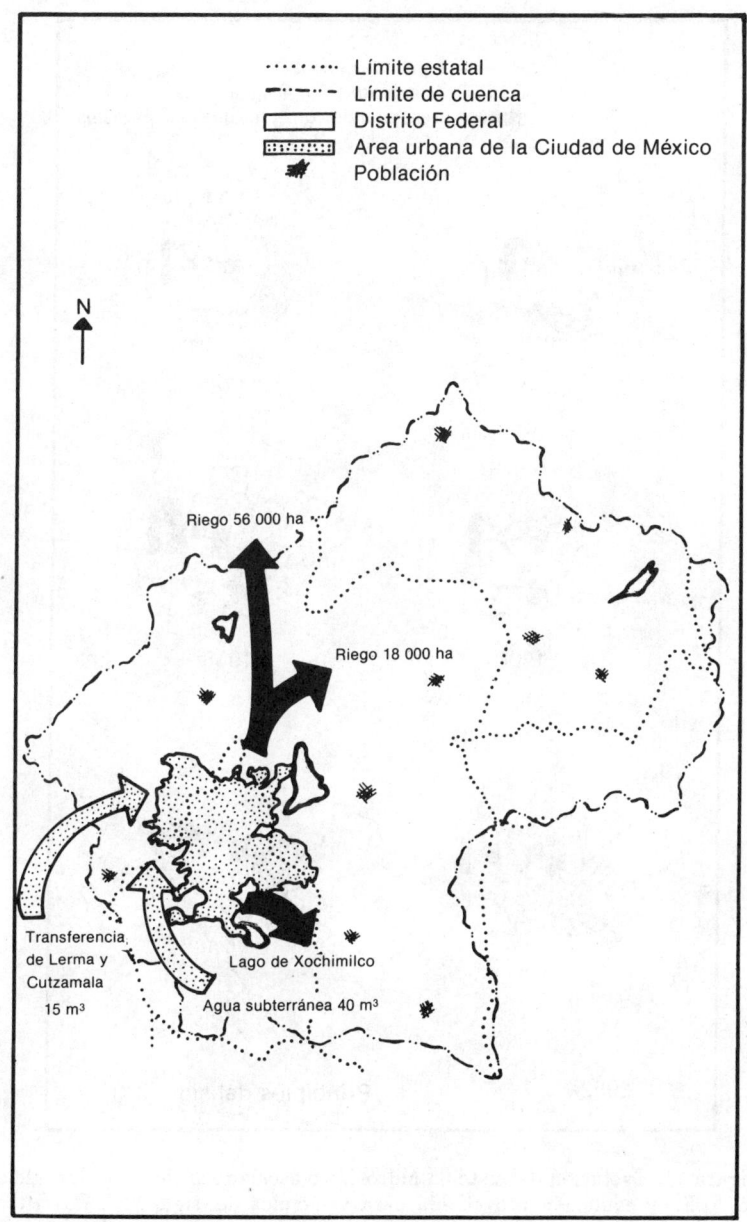

Figura 10. Utilización y desalojo de las aguas residuales y pluviales en el valle de México (Fuente: Guerrero *et al.*, 1982).

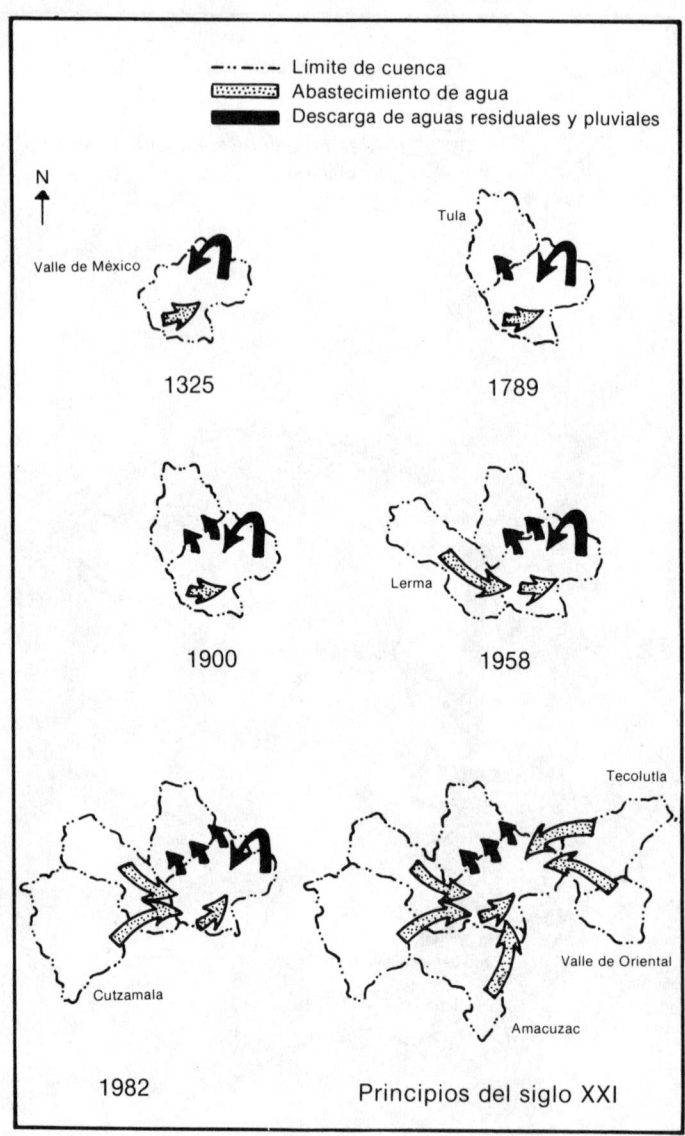

Figura 11. Evolución del sistema hidrológico asociado al sistema hidráulico del D.F., y evolución proyectada para principios del siglo XXI. Los altos costos del bombeo harán difícil alcanzar las metas de abastecimiento de agua desde las cuencas del Amacuzac y del Tecolutla, propuestas para el próximo siglo (Fuente: Guerrero *et al.*, 1982).

neras entre febrero y mayo. Las temperaturas del mediodía a finales de la estación seca generan fuertes corrientes convectivas que elevan partículas de arcillas y de sales de los antiguos lechos del lago, las cuales son transportadas hacia la ciudad por los vientos dominantes del este. El problema de las tolvaneras, sin embargo, llegó a su punto máximo durante los años setenta, y ha venido declinando poco a poco, o por lo menos parece haberse estabilizado desde entonces (Jáuregui, 1983). Es muy posible que el control de la cantidad de partículas de suelo en la atmósfera durante la época seca esté relacionado con el indudable éxito del Plan Texcoco, que ha generado un tapiz herbáceo en el antiguo lecho del lago (Jáuregui, 1971, 1983). A pesar de este éxito, la contaminación del aire por microorganismos de origen fecal, producidos tanto por el alto grado de fecalismo al aire libre que todavía subsiste en la ciudad como por las aguas negras en el fondo del valle, es todavía un problema común y las tolvaneras siguen siendo una fuente potencial de infecciones y un motivo de preocupación para la salud pública. La concentración de bacterias fecales en el agua de lluvia de la ciudad de México es de 100 a 150 microorganismos por litro (Soms García, 1986). Muestras de la flora microbiológica suspendida en la atmósfera de la ciudad han mostrado una frecuencia significativamente elevada de microorganismos patógenos (Gamboa, 1983; citada por Bravo, 1987). En las siguientes páginas veremos con más detalle los problemas de abastecer, drenar y tratar el agua en una ciudad del tamaño y la increíble complejidad de la Zona Metropolitana de México.

El agua potable es aquella que reúne ciertas características de pureza química, física y microbiológica, que la hacen apta para ser consumida por seres humanos. Debe estar prácticamente libre de contaminantes tóxicos y de microorganismos patógenos, y debe ser transparente y carente de colores, olores y sabores extraños. Debe tener un bajo contenido de materia orgánica disuelta, porque de otra manera se favorecería la descomposición de ésta en el líquido, con proliferación de microorganismos y aparición de olores desagradables.

En la cuenca de México, el agua proviene de dos fuentes principales: el agua subterránea y el agua superficial. En general, la contaminación por residuos orgánicos, industriales o domésticos es más alta en las aguas superficiales, dado que las aguas subterráneas pasan por un lento proceso de filtración natural durante su percolación hacia los horizontes profundos del suelo. Así, las aguas subterráneas profundas son menos turbias y tienen cantidades más bajas de microorganismos en suspensión que las aguas superficiales. Por la obscuridad en la que se encuentran, no muestran desarrollo de algas (las algas, como todos los vegetales, requieren de la luz solar para la fotosíntesis).

Sin embargo, las aguas subterráneas presentan otra serie de problemas para su potabilización que deben ser tomados en cuenta. La cantidad de minerales disueltos en las aguas del subsuelo es mucho mayor que en la superficie, y con frecuencia se presentan en ellas algunos minerales tóxicos como los óxidos de manganeso, el amonio y los nitratos. La capa de agua profunda puede también verse afectada por contaminantes del subsuelo, tales como los líquidos que percolan de los basureros y las zanjas de rellenos sanitarios (conocidos con el nombre técnico de "lixiviados"), o los líquidos del drenaje doméstico e industrial que pueden en ciertos casos filtrarse en profundidad. Por su baja cantidad de sedimentos y la transparencia de su color, las aguas subterráneas pueden dar una falsa impresión de limpieza al ser extraídas del subsuelo, pero pueden presentar en ciertos casos una gran cantidad de contaminantes que deben eliminarse antes de su distribución final como agua potable.

¿Cuáles son las fuentes de las que se abastece de agua el valle de México? Como veremos, el agua proviene de un conjunto diverso y heterogéneo de fuentes, pero la proporción del agua que proviene de manantiales espontáneos y de fuentes brotantes es cada vez menor. La mayor parte del agua que se consume en la ciudad de México es bom-

CUADRO 6. Sistemas de abastecimiento de agua al Distrito Federal en 1988 (Fuente: DGCOH, 1989) y número de pozos (Fuente: Guerrero, 1982)

Procedencia	Número de pozos	Caudal (m^3/s)
Dirección General de Construcción y Operación Hidráulica (DDF):		
Lerma	234	4.90
Norte	62	2.11
Sur	143	6.36
Centro	96	2.97
Oriente	41	1.12
Poniente	18	0.51
Río Magdalena y otros manantiales	—	0.82
Pozos particulares	538	1.15
Comisión de aguas del Valle de México:		
Cinco sistemas de pozos	209	9.22
Cutzamala	—	6.36
Agua tratada	—	1.30
TOTAL	1 341	36.82

beada de los acuíferos del valle, por medio de pozos profundos. Actualmente se extraen del acuífero 54 m^3/s (DGCOH, 1989 a y b), tomados de unos 1 100 pozos distribuidos en el fondo de la cuenca (Cuadro 6). De estos pozos, 360 son operados por la Dirección General de Construcción y Operación Hidráulica del DDF, 538 son usados por particulares, y 209 son operados por la Comisión de Aguas del Valle de México (Guerrero et al., 1982).

El agua en los acuíferos del subsuelo es el resultado de un largo y lento proceso de acumulación de parte de las aguas superficiales, que penetran a través de las partículas del suelo y se van estacionando en los niveles más bajos de los sustratos sedimentarios. La velocidad de percolación del agua superficial hacia el subsuelo se conoce técnicamente como "recarga" del acuífero. El balance entre bombeo y recarga, es decir, la diferencia entre lo que entra al acuífero y lo que se extrae de él, es una medida de la explotación y de la renovabilidad del recurso hídrico. Actualmente, la recarga del acuífero es del orden de 25 m³/s (entre 23 y 27 m³/s según distintas fuentes de información), lo que arroja un déficit de 29 m³/s entre lo que se extrae (el bombeo) y la recarga del sistema.

En realidad, la recarga tiende a disminuir con el crecimiento de la ciudad. Al aumentar la mancha urbana, aumentan las superficies cubiertas por asfalto, concreto y edificaciones, que son impermeables a la infiltración del agua. Cuando llueve sobre la ciudad, el agua que cae sobre estas superficies es enviada directamente a la red de drenaje, y no tiene posibilidades de ser incorporada al acuífero por medio de la infiltración a través del suelo. La tala de los bosques en la periferia de la ciudad tiene también un efecto negativo sobre la recarga. Mientras que el suelo orgánico del bosque es poroso, permeable, y tiene una alta capacidad de retención del agua, los suelos pisoteados y compactos de las zonas taladas son menos permeables y tienen una baja capacidad de acumular o infiltrar el agua. Por esta razón, los bosques actúan como verdaderas "esponjas osmóticas" en las grandes cuencas. Su importancia radica en que son capaces de regular el comportamiento de los manantiales y la incorporación del agua a los acuíferos profundos.

Una de las principales consecuencias del déficit entre bombeo y recarga del acuífero de la cuenca de México son los hundimientos diferenciales del subsuelo (Figura 12). Al bombear, disminuye el contenido de agua de las arcillas que forman los fangos del antiguo lecho de los lagos en el valle de México. Al perder humedad, las arcillas y los sedimentos orgánicos se contraen y el suelo disminuye su volumen y baja de nivel. Los descensos del nivel del terreno dependen de la velocidad local a la que se extrae agua del subsuelo y de la profundidad y naturaleza de los sedimentos. En algunas partes del área metropolitana, el secado del subsuelo ha sido de tal magnitud que ha producido hundimientos de hasta 8 m en lo que va del siglo.

El agua que produce la cuenca de México no proviene,

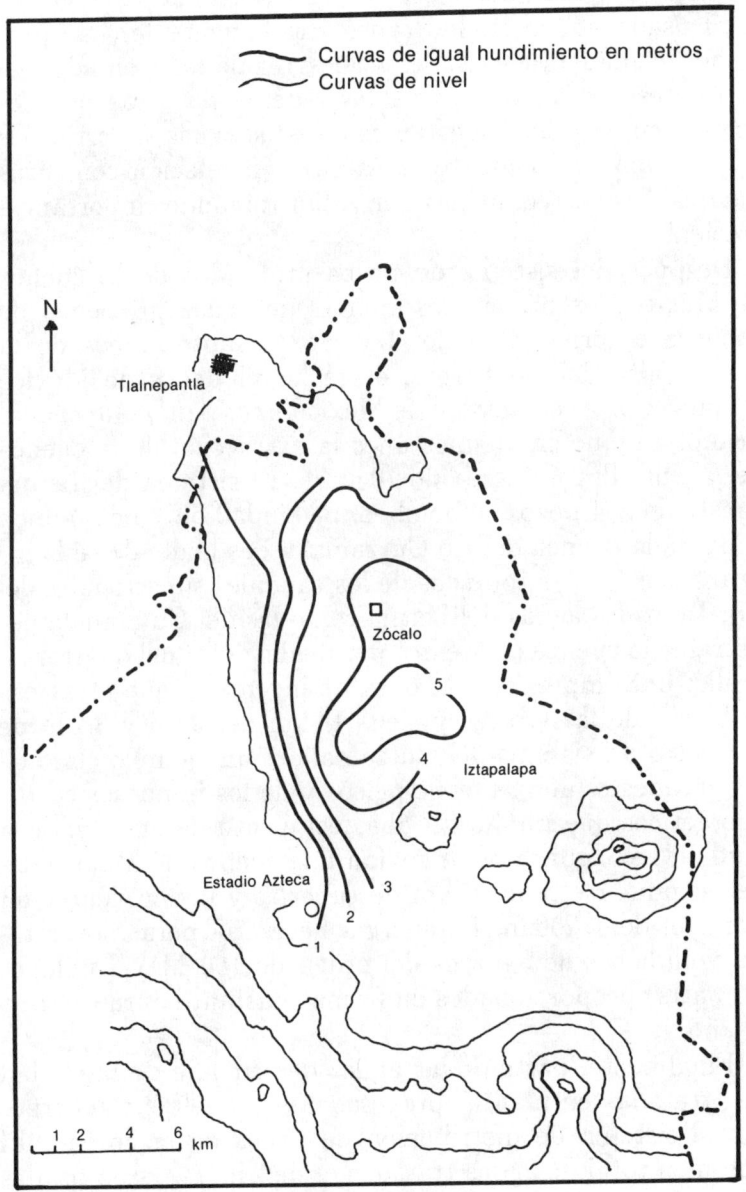

Figura 12. Asentamientos del subsuelo registrados en la ciudad de México de 1952 a 1980 (Fuente: Guerrero *et al.*, 1982).

sin embargo, toda del subsuelo. Una cantidad pequeña del total usado por la ciudad (aproximadamente $1\,m^3/s$) proviene de manantiales superficiales regulados, tomados de vertientes y manantiales en las laderas boscosas que rodean la cuenca. La importancia de estas aguas superficiales es, sin embargo, cada vez más baja en relación con otras fuentes de abastecimiento que están tomando importancia creciente.

Después del sistema de pozos profundos de la cuenca de México, los principales aportes de aguas provienen de cuencas externas al valle. Los pozos subterráneos de la cuenca alta del río Lerma, entre las ciudades de México y Toluca, proveen al valle de México unos $5\,m^3/s$ de caudal medio, aunque en algunos años la extracción de la cuenca del Lerma llegó a cerca de $10\,m^3/s$. El sistema del Lerma consta de 234 pozos de bombeo. La ciudad obtiene también agua de la cuenca del río Cutzamala, desde donde se bombean unos $7\,m^3/s$ tomados de los caudales superficiales del río. Tanto las aguas del Lerma como las del Cutzamala penetran a la cuenca de México por medio del túnel de Atarasquillo, una impresionante obra de ingeniería que atraviesa la Sierra de las Cruces y tiene 14 km de largo y 3.2 m de diámetro. El sistema del Cutzamala es un ejemplo claro de los grandes esfuerzos tecnológicos y de los inmensos costos energéticos que implica el abastecimiento de agua para la ciudad. Las aguas que se envían a la cuenca de México deben conducirse por 127 km de tuberías y deben vencer un desnivel de 1 200 m. La energía necesaria para mover tales volúmenes de agua es del orden de 150 MW (millones de watts) proporcionados en forma constante durante todo el año.

Finalmente, parte de las aguas del drenaje de la ciudad son tratadas en plantas procesadoras y vueltas a incorporar al sistema de distribución de aguas de la ciudad. El volumen total de aguas tratadas es de $2\,m^3/s$, y son usadas generalmente para riego, para mantener el nivel freático en los canales de Xochimilco, o para uso industrial.

CUADRO 7. Distribución de los usos del agua en el Distrito Federal (Fuente: Guerrero *et al.*, 1982)

Uso	Número de usuarios	Caudal m^3/s	%
Doméstico	1 900 000 viviendas	22	69
Industrial	30 000 establecimientos	5	16
Servicios	60 000 establecimientos	4	12
Comercial	120 000 establecimientos	1	3

Para llevar el agua desde los pozos hasta los tanques de almacenamiemto se emplean 467 km de líneas de conducción, con diámetros de 0.5 a 3.2 m. Existen en el Distrito Federal 240 tanques de almacenamiento, con una capacidad de 1.5 millones de metros cúbicos, cuya función es regular el flujo de agua y mantener la presión del sistema.

La ciudad de México posee un complicado sistema de distribución de agua. Los tubos más grandes, que reciben el agua de los tanques de almacenamiento, forman una red de 550 km de largo, conocida como la red primaria. Los tubos de la red primaria tienen entre 0.5 y 1.8 m de diámetro, y se dividen a su vez en tubos menores, de 10 a 40 cm de diámetro, que conforman la red secundaria. Ésta tiene una longitud total de unos 12 000 km de tuberías a los que se conectan 1 300 000 usuarios en el Distrito Federal, y un número menor en el área metropolitana del Estado de México (Cuadro 7). En 1953 sólo el 50% de la población del Distrito Federal contaba con servicio de agua potable en tomas domiciliarias. La proporción de tomas se elevó al 70% en 1977, y al 97% en 1982. Actualmente la ciudad de México ocupa el primer lugar en distribución domiciliaria de agua potable en relación con las otras ciudades del país (Guerrero *et al.*, 1982).

El drenaje de la cuenca

La situación geográfica de la ciudad, ubicada a más de dos

mil metros sobre el nivel del mar, en una cuenca cerrada sin salidas naturales para los escurrimientos y donde se presentan tormentas de alta intensidad y corta duración, ha provocado serios problemas para el desalojo y el control de las aguas desde la época prehispánica. Los sistemas de drenaje construidos desde entonces han tenido siempre un doble propósito: desalojar las aguas residuales del valle de México y dar salida a las aguas pluviales para evitar inundaciones. La evolución del sistema de drenaje ha estado condicionada por la necesidad de controlar y desalojar las aguas de lluvia, más que por la de eliminar las aguas residuales domiciliarias e industriales.

Las aguas residuales producidas por los habitantes de la ciudad se vierten junto con el agua de lluvia que escurre por las calles a una red secundaria de tuberías de 30 a 45 cm de diámetro y una longitud de 12 000 km (Guerrero *et al.*, 1982). A este sistema secundario se conecta una red primaria de colectores que posee tubos con diámetros de entre 0.6 y 2.5 m, y que poseen una longitud de 1 176 km (Guerrero *et al.*, 1982). Para desalojar fuera del valle las aguas colectadas por estos sistemas, existe el Sistema General del Desagüe que posee tres grandes conductos: el Gran Canal, el Emisor del Poniente y el Emisor Central. Las aguas acarreadas por este sistema son desalojadas hacia la cuenca del río Tula a través del Tajo de Nochistongo y el sistema del Drenaje Profundo, que drenan hacia el río El Salto, y a través de los túneles de Tequisquiac, que desembocan al río Salado. Estas aguas son utilizadas para el riego agrícola en la cuenca del río Tula, en el estado de Hidalgo. Los conductos que forman el Sistema General del Desagüe están entubados en algunos casos, como el Emisor del Poniente, el río Churubusco y el río de la Piedad. Otras veces son conductos a cielo abierto los cuales conducen principalmente aguas pluviales, pero con frecuencia se encuentran contaminados por aguas residuales y basura, que causan serios problemas de insalubridad.

El Gran Canal tiene 47 km de longitud y es el principal

elemento del sistema de drenaje. Drena la parte baja de la ciudad con la ayuda de 12 plantas de bombeo situadas a lo largo de su recorrido (DGCOH, 1981); recibe además aguas provenientes de los ríos de los Remedios, Tlalnepantla y San Javier, y del lago de Texcoco. Este último a su vez regula las aportaciones de los ríos del oriente y del río Churubusco, el cual se encarga de drenar las aguas del sur y buena parte del oriente de la ciudad. Durante el estiaje, el Lago de Texcoco desaloja también las aguas residuales de gran parte de las zonas centro y norte. El Gran Canal es un canal a cielo abierto que llega a conducir caudales superiores a los $100 \, m^3/s$ (DGCOH, 1981). Debido a la intensidad de las lluvias en la ciudad, ha sido necesario construir estructuras que permitan almacenar el agua durante el tiempo crítico de una tormenta, para después desalojar caudales menores a través de los diferentes conductos. El sistema también cuenta con plantas de bombeo que operan en forma continua para desalojar las aguas residuales durante todo el año y para desalojar las aguas pluviales de las zonas más bajas del valle durante la época de lluvias (Figura 13).

El Emisor del Poniente recibe aguas de diversos ríos y conduce las aportaciones del Interceptor del Poniente que drena las aguas provenientes principalmente del suroeste de la ciudad. A través del Tajo de Nochistongo descarga las aguas hacia el río El Salto. El Emisor Central, con una capacidad de $200 \, m^3/s$ (DGCOH, 1981), es el encargado de desalojar las aguas conducidas por el Drenaje Profundo.

El Sistema del Drenaje Profundo se comenzó a construir en 1967, debido al problema creciente que representaban las inundaciones en la ciudad, y su primera etapa se terminó en 1975. El Drenaje Profundo opera entre los 30 y los 220 m bajo tierra (Fortson, 1986), y por lo tanto no se ve afectado por los asentamientos de terreno. Dado que no tiene canales superficiales, los emisores del sistema funcionan por gravedad y no requieren de bombeo, lo que los hace más eficientes en el uso de energía (Figura 13). El sistema lo forman los Interceptores Centro-Poniente, Central

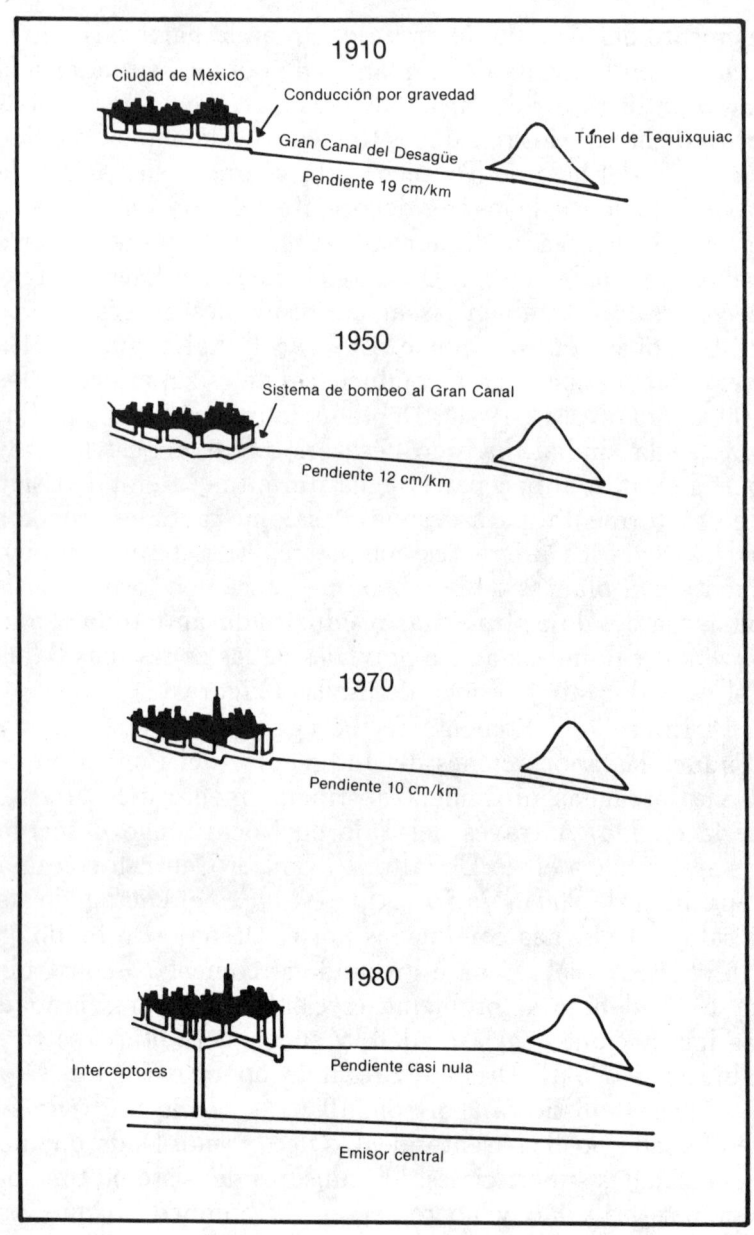

Figura 13. Efecto del asentamiento del subsuelo en el sistema de drenaje (Fuente: Guerrero *et al.*, 1982).

y Oriente, y el Emisor Central. Los Interceptores Central y Oriente con 8 y 10 km de longitud respectivamente y el Emisor Central de 50 km de longitud formaron la primera etapa del drenaje profundo (Guerrero et al., 1982). El Interceptor Central drena parte de la zona norte y centro de la ciudad y recibe los caudales de varios ríos. El Interceptor Oriente tiene como función principal aliviar el Gran Canal. El Interceptor Centro–Poniente posee una longitud de 16.5 km y drena el noroeste de la ciudad y auxilia al Interceptor del Poniente. El Drenaje Profundo cuenta con 90 km de túneles de 5 y 6.5 m de diámetro. Se opera por lo general sólo en la época de lluvias, pero en ocasiones se utiliza el Interceptor Oriente para aliviar el Gran Canal.

Existen aún zonas en la ciudad de México que carecen del servicio de drenaje debido principalmente al acelerado crecimiento de la mancha urbana. Uno de los principales problemas del sistema de drenaje se debe al asentamiento del subsuelo ocasionado por la sobrexplotación de los acuíferos. En el centro de la ciudad los hundimientos han provocado que el drenaje, proyectado a trabajar por gravedad, requiriera de bombeo para elevar las aguas hasta el nivel del Gran Canal. En época de lluvias cuando los niveles son altos, el agua se regresa por los colectores causando serios problemas. Existen 51 plantas de bombeo que alimentan el Gran Canal y a los ríos entubados Churubusco, Consulado y la Piedad.

Un problema asociado con el explosivo crecimiento de la ciudad es el desarrollo de asentamientos humanos en las partes altas de las sierras periféricas, incluso sobre cauces de agua y sobre terrenos federales protegidos. La velocidad de crecimiento de los nuevos asentamientos hace difícil la dotación del servicio de drenaje y provoca que las descargas de aguas residuales se realicen hacia los cauces de los ríos, hacia pozos de absorción o directamente en la calle. Esto no sólo crea serios problemas de salubridad, sino que además contamina con residuos cloacales zonas de recarga de acuíferos dentro del valle. La basura y los escurrimientos con altos contenidos de sedimentos son también un grave problema. Ambos tienden a azolvar los túneles y a obstruir el funcionamiento del drenaje. Los problemas de azolvamiento son comunes a todo lo largo del sistema de drenaje.

Ante la escasez de agua con buena calidad y la creciente demanda de una población en constante aumento, ha sido necesario tratar las aguas residuales con el fin de reciclarlas para los diferentes usos industriales, agrícolas y recreativos. Tratar el agua para su reuso significa eliminar sustancias nocivas por medio de procesos físicos, químicos y biológicos, que le devuelven parcial o totalmente —según del tratamiento que se le da— la calidad que tenía antes de ser usada. El reciclaje de aguas residuales en México se inició hace ya 30 años con la planta de tratamiento de aguas negras en el Bosque de Chapultepec en 1956. El agua reciclada de esa planta se destina todavía hoy día al llenado de lagos de recreo y al riego de áreas verdes del bosque y zonas aledañas.

En la actualidad, la ciudad de México cuenta con 10 plantas recicladoras de agua (Cuadro 8), incluyendo una planta recientemente puesta en operación en la zona del lago de Texcoco (Fortson, 1986). Las aguas tratadas obtenidas de estas plantas se destinan al riego de prados y jardines, así como a diversos usos industriales y agrícolas. Las nueve plantas de tratamiento ubicadas dentro del Distrito Federal tienen una capacidad instalada de entre 1.6 y 1.8 m^3/s, una red primaria de distribución de 119 km aproximadamente y una red secundaria de 474 km (Sorchini y Contreras, 1982). En la mayoría de las plantas se emplea el proceso de lodos activados.

Las áreas verdes servidas con agua residual tratada son, principalmente, el Bosque de Chapultepec y el de San Juan de Aragón, el Parque Tezozómoc y en general, camellones, parques y jardines. También se emplean aguas tratadas en el llenado de los lagos de los bosques y en el mantenimiento de los niveles de los canales de Xochimilco y Tláhuac. La mayor planta de tratamiento de aguas residuales en México

CUADRO 8. Plantas de tratamiento de aguas residuales en 1982 (Fuente: Guerrero *et al.*, 1982)

Planta	Capacidad instalada l/s	Capacidad aprovechable l/s	%	Inicio de operación
Cerro de la Estrella	2 000	1 800	90	1971
Xochimilco	1 250	0	0	1959
San Juan de Aragón	500	300	60	1964
Ciudad Deportiva	230	230	100	1958
Chapultepec	160	160	100	1956
Acueducto de Guadalupe	80	0	0	1982
Bosques de las Lomas	55	22	40	1973
El Rosario	25	22	88	1981
TOTAL	4 300	2 534	59	

es la del Cerro de la Estrella, ubicada en la Delegación Iztapalapa, al sur de la ciudad. Tiene una superficie de nueve hectáreas, y su capacidad es de 260 000 m^3/día (Sorchini y Contreras, 1982). Las aguas tratadas por la planta se utilizan principalmente para abastecer las zonas industriales ubicadas en la Delegación Iztapalapa y la Refinería 18 de Marzo, así como para recargar los acuíferos de la cuenca.

BASURA

La ciudad produce unas 12 000 toneladas de residuos domésticos por día. Aproximadamente el 50% son desechos orgánicos, y el resto está constituido, en términos generales, por papel (17%), vidrio (10%), textiles (6%), plásticos (6%), metales (3%) y otros desechos (9%). En contraste con los países desarrollados, que generan desechos con una baja proporción de residuos orgánicos, la basura de la ciudad de México es rica en restos de frutas y verduras (Restrepo y Phillips, 1985). La mayor parte de estos residuos se eliminaban, hasta hace poco, en tiraderos abiertos que representaban altos riesgos para la salud. Los más importantes eran los de Santa Cruz Meyehualco y Santa Fe, aunque muchos tiraderos menores (y a menudo clandestinos) existen todavía en muchas partes del valle de México (SAHOP, 1977; SMA, 1978a). Recientemente, a fines de 1987, un sistema más moderno de rellenos sanitarios ha sido inaugurado con dos sitios de depósito, uno al oriente (Texcoco) y otro al poniente (Santa Fe) de la ciudad, con el fin de resolver, en parte, el tremendo problema ambiental que representa la eliminación de la basura. Los tiraderos a cielo abierto que fueron remplazados por los nuevos sistemas de relleno sanitario han sido clausurados, pero todavía subsisten muchos tiraderos clandestinos en baldíos y terrenos marginales. Muchos expertos opinan que la eliminación de basura seguirá siendo un problema hasta que un sistema más eficiente sea instrumentado, se pongan en práctica reglamentaciones más estrictas y, sobre todo, hasta que se construyan plantas modernas de procesamiento de residuos sólidos (Aguilar Sahagún, 1984; Monroy Hermosillo, 1987; Trejo Vázquez, 1987). Por su alto contenido en residuos orgánicos, la basura generada por la ciudad podría ser usada para fabricar composta a un costo relativamente bajo.

Este tema, por su importancia, merece una breve discusión. La composta, o abono orgánico, es el resultado de la descomposición aeróbica de residuos orgánicos. Es un proceso en el que interviene un gran número de microorganismos, que bajo condiciones adecuadas de oxigenación son capaces de utilizar los hidratos de carbono y las grasas de los desechos orgánicos para sus funciones metabólicas. Los residuos en descomposición se deben picar y acumular en montones de un cierto tamaño que permita la propagación y la multiplicación de los organismos descomponedores. Bajo estas condiciones, el montón de residuos aumenta rápidamente su temperatura, la que puede controlarse compactándolo y regulando así la cantidad de aire que llega, hasta que las sustancias lábiles (es decir, de fácil descomposición) se pierden totalmente a través de la respiración de los microorganismos, fundamentalmente bacterias y hongos. Otras sustancias, en cambio, no se pierden durante el proceso. El nitrógeno contenido en las proteínas de los residuos es retenido por los mismos microorganismos, quienes lo utilizan para fabricar sus propias proteínas. El resultado final es una mezcla amorfa, con un agradable olor a tierra de hoja, de color oscuro y textura migajosa, en la que predominan sustancias de lenta descomposición (restos de celulosa, ligninas, fenoles, y otras sustancias con anillos aromáticos en su composición química), y que presenta una elevada proporción de nitrógeno (de 3 a 5%). Por su riqueza en nitrógeno, el abono orgánico —o composta— sirve para fertilizar suelos agrícolas y jardines. Por su composición química carente de sustancias lábiles, la composta es una mezcla sumamente estable y, por lo tanto, fácil de manejar. Es rica en lombrices de tierra y otros organismos benéficos para los suelos agrícolas, pero no es consumida por ratas o animales carroñeros, y no representa un problema para la salud humana como la basura sin tratar. La composta puede sustituir a bajo costo buena parte de los fertilizantes industriales que actualmente son usados en los campos agrícolas periféricos a la ciudad de México. Su fabricación y consumo solucionaría en buena medida el inmenso problema sanitario que representa actualmente la eliminación de la basura en la ciudad.

Calidad del aire

Con toda seguridad, el problema más grave asociado al crecimiento de la ciudad son los altísimos niveles de contaminación atmosférica que se registran en la ciudad de México, y que desde fines de los años setenta viene siendo un motivo de preocupación creciente para la población de la ciudad (SAHOP, 1978; SMA, 1978b, 1978c). Este problema es particularmente grave durante la temporada fría (diciembre a febrero) cuando las bajas temperaturas estabilizan la atmósfera sobre la ciudad y la falta de convección térmica permite la acumulación de contaminantes en la masa de aire estacionario que cubre la ciudad (SEDUE, 1986; Velasco Levy, 1983). Estudios sobre la concentración de plomo y bromo en las partículas contaminantes del aire de la ciudad de México han demostrado desde hace ya varios años que la mayor parte de la contaminación atmosférica es generada por los escapes de los automóviles (Barfoot, Vargas-Aburto, MacArthur, Jaidar, García-Santibáñez y Fuentes-Gea, 1984; Sigler Andrade, Fuentes-Gea y Vargas-Aburto, 1982). La SEDUE (1986) ha estimado que la contaminación vehicular es responsable del 85% de todos los contaminantes atmosféricos sobre la ciudad. En algunas partes de la ciudad, particularmente hacia el centro–este, la concentración total de sólidos en suspensión excede la norma internacional y la mexicana más del 50% del tiempo (Fuentes-Gea y Hernández, 1984). Aunque la calidad del aire durante la temporada lluviosa ha permanecido más o menos constante durante los últimos diez años, el total de partículas suspendidas durante la época seca está incrementándose a una tasa de aproximadamente 6% anual (calculada de Fuentes-Gea y Hernández, 1984). Es interesante destacar que el número de automóviles en la ciudad está creciendo a la misma tasa (había 2 000 000 de automóviles en 1980, y más de 3 500 000 a finales de 1986). El deterioro de la calidad del aire inducido por el crecimiento del número de automóviles es mucho más rápido que el crecimiento poblacional y la expansión urbana (Cuadro 9). Es predecible que, si la tendencia continúa, la contaminación atmosférica sea el primer factor en generar una crisis ambiental de grandes magnitudes en la ciudad de México.

Según el reciente y detallado informe de Bravo (1987, Cuadro 10), los vehículos producen la mayor parte del monóxido de carbono y de los residuos de hidrocarburos presentes en la atmósfera de la ciudad, pero las fuentes fijas (calderas, incineradores, quemadores industriales, plantas motrices en industrias, etc.) son en cambio responsables de la mayor parte de las partículas sólidas, el bióxido de azu-

CUADRO 9. Densidad de vehículos en la ciudad de México, 1978-1989 (Fuente: Legorreta, 1989)

Año	Vehículos (miles)	Habitantes (millones)	Área urbana (km^2)
1978	1 600.0	12.8	949.9
1980	2 000.0	13.8	980.0
1983	2 800.0	15.5	1 104.4
1986	3 505.3	17.4	1 208.2
1989(*)	4 000.0	19.2	1 371.0

* Valor proyectado.

CUADRO 10. Emisiones atmosféricas estimadas para la ciudad de México en 1983 (Fuente: Bravo, 1987).

Contaminante	Fuentes fijas ton./año	%	Vehículos ton./año	%	Total ton./año	%
Partículas	141 000	2.9	12 800	0.3	153 800	3.1
Monóxido de carbono	120 000	2.4	3 600 000	72.8	3 720 000	75.3
Hidrocarburos	140 000	2.8	385 000	7.8	525 000	10.6
Dióxido de azufre	400 000	8.1	11 000	0.2	411 000	8.3
Óxido de nitrógeno	93 000	1.9	39 000	0.8	132 000	2.7
TOTAL	894 000	18.1	4 047 800	81.9	4 941 800	100

fre y los óxidos de nitrógeno (Figuras 14 y 15). La contaminación por partículas sólidas es máxima hacia el centro-este de la ciudad, pero la contaminación por bióxido de azufre es mayor hacia el norte, donde se ubican la mayor parte de las industrias. Hasta 1986 el plomo era quizás el contaminante más crítico en la atmósfera de la ciudad (Salazar, Bravo y Falcón, 1981), sobre todo por el uso de gasolinas con plomo (Cuadro 11). La concentración de este elemento fue aumentando con el número de vehículos, hasta alcanzar un valor promedio de 5 microgramos por metro cúbico ($\mu g/m^3$) en 1968 (Halffter y Ezcurra, 1983) y de aproximadamente 8 $\mu g/m^3$ en 1986 (5 veces la norma mexicana, que es de 1.5 $\mu g/m^3$). En septiembre de 1986 PEMEX comenzó la producción y venta en el valle de México de gasolinas de bajo contenido de plomo, las cuales tenían aditivos

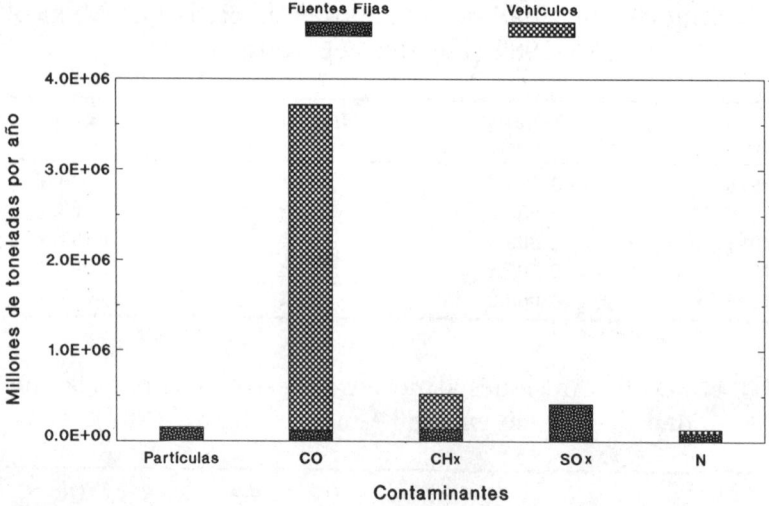

Figura 14. Emisión anual de distintos contaminantes en la atmósfera de la ciudad de México, 1983. Part. = partículas, CO = monóxido de carbono, CH_x = hidrocarburos, SO_x = óxidos de azufre, N = compuestos nitrogenados (Fuente: Bravo, 1987).

sintéticos que sustituyen la acción catalítica del plomo. El cambio tuvo un efecto colateral inesperado (Figura 16), las concentraciones de ozono en la atmósfera de la ciudad subieron rápidamente como resultado de la interacción entre la radiación ultravioleta, el oxígeno atmosférico y los hidrocarburos y el óxido nitroso productos de la combustión de la gasolina que son expelidos por los escapes de los automóviles. Actualmente, la concentración media de ozono en la atmósfera de la ciudad es de 0.15 partes por millón ($300\,\mu g/m^3$, diez veces la concentración normal en el aire, casi el doble del límite máximo permisible en California y Japón; Avediz Asnavourian, 1984), y suficientemente alta como para producir daño significativo en la mayor parte de las especies vegetales (Skärby y Sellden, 1984). Dado el periodo de tiempo empleado por la reacción que forma el ozono, las concentraciones máximas de este contaminante se observan hacia el sudoeste de la ciudad, en la dirección

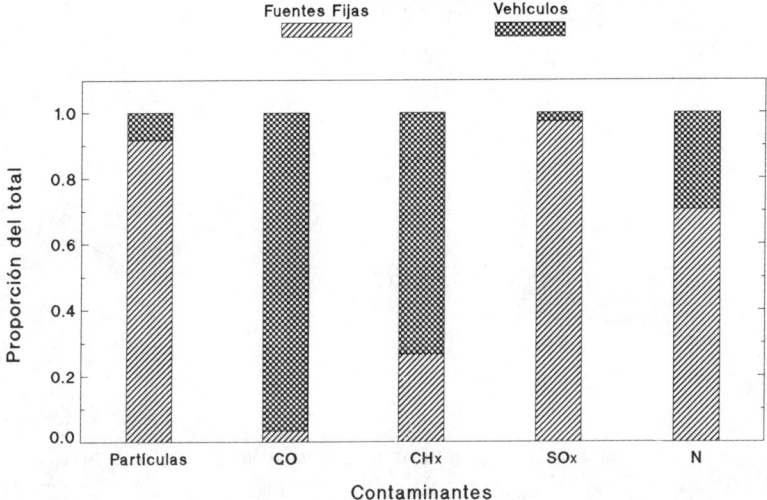

Figura 15. Emisión proporcional de distintos contaminantes sobre la atmósfera de la ciudad de México en 1983. Las fuentes fijas son las principales responsables de la emisión de partículas, óxidos de azufre y compuestos nitrogenados. Los vehículos son los principales responsables de la emisión de monóxido de carbono y de hidrocarburos (Fuente: Bravo, 1987).

CUADRO 11. Concentraciones de plomo (microgramos por metro cúbico) en la atmósfera de la ciudad de México en 1970, comparada con otras ciudades de los Estados Unidos (Fuente: Bravo, 1987)

Ciudad	$\mu g/m^3$
México	5.1
Cincinnati	1.4
Filadelfia	1.6
Los Ángeles	2.5
Nueva York	2.5

de los vientos dominantes. Durante el invierno de 1987, los niveles de ozono en esta área superaron la norma mexicana (0.11 ppm, algo más alta que la norma NAAQS para California, que es de 0.08 ppm) más del 50% del tiempo. Es irónico que, mientras la disminución del ozono en la alta atmósfera

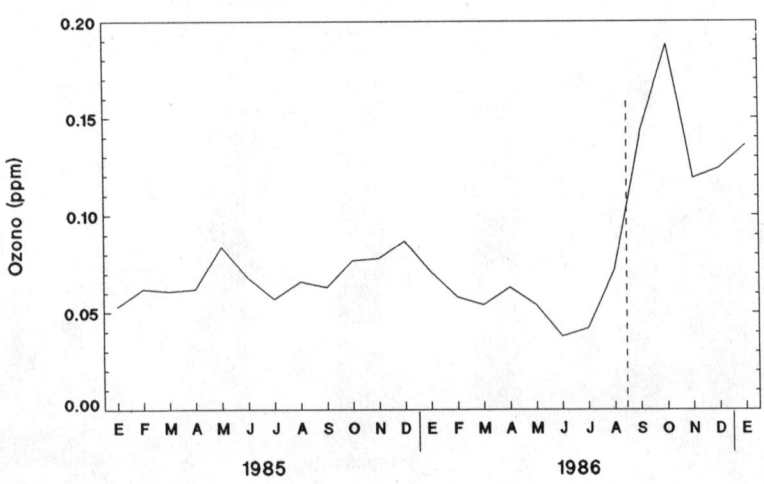
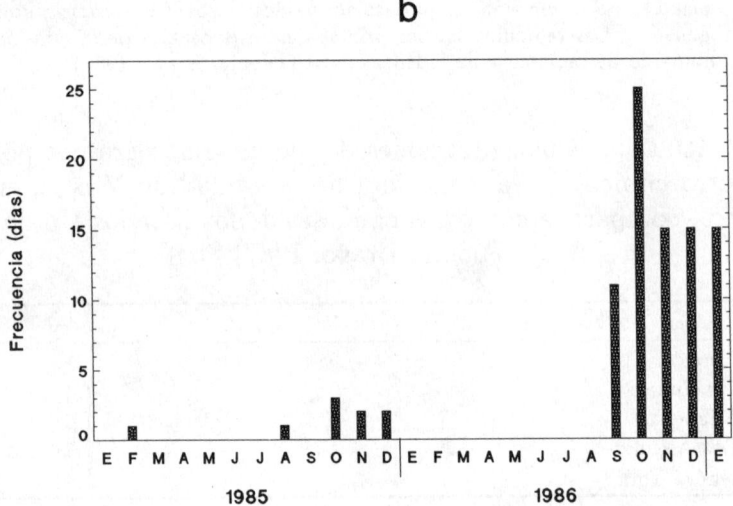

Figura 16. Concentraciones medias mensuales de ozono sobre la ciudad de México y número de días en los que se superó la norma mexicana (0.11 ppm). La línea punteada (septiembre de 1986) indica la fecha en la que se reemplazó el uso de gasolinas con plomo por gasolinas sin plomo (modificado de Bravo, 1987).

CUADRO 12. Emisiones máximas permisibles (g/km-vehículo) para vehículos nuevos en México y los Estados Unidos (Fuente: Bravo, 1987)

	1975		1985	
	México	EUA	México	EUA
Hidrocarburos	2.5	0.9	2.6	0.5
Monóxido de carbono	29.2	9.4	24.2	9.4
Óxido de nitrógeno	—	1.93	2.2	0.62

CUADRO 13. Contenido de tetraetilo de plomo (ml/l) en gasolina regular para distintos países (Fuente: Bravo, 1987)

País	1980	1990
Inglaterra	0.28	(cero)
Alemania	0.15	(cero)
México	0.77	0.14

es una de las mayores preocupaciones ambientales a nivel global, las concentraciones excesivamente altas sean uno de los principales problemas en la ciudad de México.

Mucho podría hacerse, sin embargo, para aliviar este problema. Los convertidores catalíticos aún no son usados en los automóviles mexicanos y la norma local para el máximo de emisiones permisibles en carros nuevos es de dos a tres veces más permisiva que, por ejemplo, en los Estados Unidos (Cuadro 12). El contenido de plomo en las gasolinas regulares que se expenden en México, aunque ha bajado sensiblemente desde 1986, sigue siendo elevado si se lo compara con países europeos donde ya es obligatorio el uso de gasolinas sin plomo (Cuadro 13). En 1988 el Departamento del Distrito Federal aumentó sus esfuerzos para controlar la contaminación del aire. Reglamentos recientes establecen que, obligatoriamente, las empresas fabricantes de automóviles deberán incorporar convertidores catalíticos en sus modelos de 1991. Pero el cambio será lento, dado que la vida media del parque automotriz en México es de casi diez años. Para poder incorporar los convertidores catalíticos deberá eliminarse totalmente el tetraetilo de plomo de las gasolinas, pero durante un cierto tiempo —prácticamente hasta el año 2 000— una buena proporción de los automóviles será todavía de modelos anteriores y no contará con convertidores. La medida de hacer obligatorio el uso de los convertidores, aunque imprescindible a largo plazo, puede implicar a corto plazo un incremento aún mayor en las concentraciones de ozono. Un uso más generalizado del transporte público, aunado a mayores restricciones al uso de vehículos privados, ciertamente ayudaría a disminuir el problema de la contaminación atmosférica. Ésta parece ser hoy en día la única solución viable a largo plazo. Actualmente el transporte público es responsable de sólo 23 o 30% del total de emisiones vehiculares, y presta sus servicios al 81% de las personas que viajan (Bravo, 1986). Según estos datos, la emisión media de contaminantes por pasajero es diez veces más alta para las personas que viajan en vehículos particulares que para las que utilizan el transporte público.

Peralta (1989) y Legorreta (1989) presentan datos que fortalecen aún más la idea de que son los automóviles particulares los principales responsables de la contaminación por fuentes móviles. Según Peralta, en la ciudad de México se realizan aproximadamente 21 000 000 de viajes–persona/día, de los cuales 4 000 000 los realizan los autos particulares y 2 000 000 los taxis colectivos. Los viajes restantes los realiza el sistema colectivo de transporte (6 000 000 el metro, 6 000 000 los autobuses urbanos, y 3 000 000 los autobuses suburbanos). Tomando en cuenta que la ciudad de México tiene 7 000 unidades de autobuses urbanos, es fácil calcular que cada unidad, en promedio, realiza unos 860 viajes–persona/día, mientras que los autos particulares realizan, en promedio, sólo 2 viajes–persona/día. Los cálculos finales que realiza Peralta son sencillos pero muy elocuentes: un autobús, consumiendo unos 160 litros de dísel, realiza en un día el trabajo lo que realizan unos 570 autos particulares, consumiendo alrededor de 3 700 litros de gasolina.

A finales de 1988, el Departamento del Distrito Federal impuso la obligatoriedad de revisar cada año las emisiones que despiden los escapes de los automóviles. Con este mecanismo de control de emisiones se espera disminuir sustancialmente la cantidad de monóxido de carbono y de residuos de la combustión, incluyendo hidrocarburos, carbón y hollín despedidos por los automotores. Además, se han repartido calcomanías de colores que permitirán impedir el tránsito de parte del parque automotriz un día a la semana. Las medidas son correctas y deben ser apoyadas y aplaudidas, pero queda la duda acerca de qué tan efectivas serán a largo plazo para controlar la contaminación del aire. La respuesta a esta duda es, desafortunadamente, pesimista. La política de "un día sin auto" puede, en el mejor de los casos, disminuir el tránsito vehicular un 20% en días de semana, pero mantendrá los niveles actuales en fines de semana, lo que daría una disminución total de contaminantes de aproximadamente 15 o 18%. En realidad, la medida será mucho menos efectiva, porque muchas personas realizarán en otros días de la semana las actividades que no podrán realizar con su automóvil el día vedado. De manera que la veda semanal a la circulación durante un día disminuirá el tránsito de automóviles particulares en aproximadamente 10%, pero a la tasa de crecimiento actual del parque automotriz el número de automóviles en circulación aumentará el mismo 10% en sólo un año y medio. Es decir, a principios de 1991 el crecimiento del número de automóviles en la ciudad habrá rebasado la posible disminución en emisión de contaminantes que pueda provocar la reglamentación implementada en 1989.

La contaminación atmosférica está también teniendo un efecto sobre la calidad del agua de lluvia. Durante el periodo 1983-1986 el pH del agua de lluvia en la ciudad de México disminuyó en forma continua por las concentraciones crecientes de óxidos de azufre y de nitrógeno en el aire

(Páramo, Guerrero, Morales y Baz Contreras, 1987; véase también Bravo, 1987). En la actualidad, el pH del agua de lluvia sobre la ciudad es de aproximadamente 5.5, pero se registran con frecuencia valores de alrededor de 3.0. Finalmente, aunque existe poca información sobre el tema, algunos trabajos señalan que los efectos de la contaminación atmosférica no se limitan al área urbana; pueden también tener un efecto considerable sobre los ecosistemas naturales que rodean a la ciudad. Hernández Tejeda, Bauer y Krupa (1985; véase también Hernández Tejeda, Bauer y Ortega Delgado, 1985; Bauer, Hernández Tejeda y Manning, 1986; Hernández Tejeda y Bauer, 1986), por ejemplo, han encontrado que el ozono producido sobre la ciudad y transportado por el viento a la sierra del Ajusco, reduce significativamente el contenido de clorofila-A, y por lo tanto el crecimiento de *Pinus hartwegii*, la especie de pino dominante en los bosques de altura alrededor de la cuenca (aproximadamente a 3 500 m de altitud). Una de las principales funciones de estos bosques es regular la escorrentía y ayudar a la infiltración del agua que usa la ciudad. De esta manera, la contaminación atmosférica podría tener a largo plazo un efecto considerable en el balance hidrológico de la cuenca y en la disponibilidad de agua para consumo humano.

La medición de la calidad del aire

El índice de calidad del aire usado actualmente para informar a la población de la ciudad de México acerca de los niveles de contaminación atmosférica, conocido como IMECA (Índice Metropolitano de Calidad del Aire; SEDUE, 1985), está basado en una metodología sencilla de cálculo, a partir de dos "puntos de quiebre". Los puntos de quiebre son valores estadísticamente conocidos, por encima de los cuales ocurren alteraciones significativas en la fisiológica de las

CUADRO 14. Puntos de quiebre de la escala IMECA, para los valores 100 y 200, comparados con la escala NAAQS (National Ambient Air Quality Standards) de los Estados Unidos

Contaminante	Tiempo de medición	IMECA₁₀₀	NAAQS (nivel primario)
PST ($\mu g/m^3$)	24 h	275	260
SO$_2$ (ppm)	24 h	0.13	0.14
CO (ppm)	8 h	13.0	9.0
O$_3$ (ppm)	1 h	0.11	0.11 (California 0.08)

Contaminante	Tiempo de medición	IMECA₂₀₀	NAAQS (nivel de alerta)
NO$_x$ (ppm)	1 h	0.66	0.60
PST x SO$_2$	24 h	24.5	25.0

poblaciones humanas. Las rectas que unen los puntos de quiebre sirven para convertir valores de concentración de contaminantes en el aire a valores en una escala arbitraria de 0 a 500 puntos IMECA, la cual da una idea subjetiva del grado de peligrosidad asociado a los niveles de contaminación del aire. Los índices obtenidos de estas rectas (conocidas por SEDUE como "funciones linealmente segmentadas") son seis en total, y miden la calidad del aire respecto de *1*) partículas sólidas en suspensión, *2*) bióxido de azufre, *3*) ozono, *4*) monóxido de carbono, *5*) óxidos de nitrógeno, y *6*) un término que mide la acción sinergística del bióxido de azufre con las partículas sólidas en suspensión.

La escala del IMECA está basada fundamentalmente en la definición de dos puntos de quiebre: el umbral crítico que define el valor IMECA 100, y el que define el valor IMECA 500. Como puede verse en los cuadros 14 y 15, los puntos de quiebre de la escala del IMECA corresponden de manera muy cercana (en algunos casos exacta) con los niveles "primario" y de "daño significativo" de la norma federal de calidad del aire de los Estados Unidos de América (NAAQS: National Ambient Air Quality Standards; Thom y

CUADRO 15. Puntos de quiebre de la escala IMECA, para el valor 500, comparados con la escala NAAQS (National Ambient Air Quality Standards) de los Estados Unidos, para el nivel de "daño significativo"

Contaminante	Tiempo de medición	$IMECA_{100}$	NAAQS
PST ($\mu g/m^3$)	24 h	1 000	1 000
SO_2 (ppm)	24 h	1.0	1.0
CO (ppm)	8 h	50	50
O_3 (ppm)	1 h	0.6	0.7
NO_x (ppm)	1 h	2.0	2.0
PST x SO_2	24 h	187.1	187.5

Ott, 1975). De hecho, el IMECA reconoce haber sido adaptado del índice de Ott y Thom (1975) para los Estados Unidos, que está a su vez basado en las normas federales. Sin embargo, los umbrales del IMECA 100 son más permisivos que los aceptados en otros países, como Japón, o en algunas regiones particulares de los Estados Unidos. Este problema es particularmente notorio en el caso del ozono: mientras que la norma mexicana reconoce valores inferiores a 0.11 ppm como tolerables, la norma NAAQS para California establece que valores superiores a 0.08 ppm no deberían presentarse más que en un solo evento anual de menos de una hora de duración. La diferencia es crítica: si el IMECA adoptara la norma californiana, la atmósfera de la ciudad de México debería ser considerada como dentro del nivel de alerta poblacional la mayor parte del tiempo.

La mayor diferencia entre el IMECA y la escala de Ott y Thom, sin embargo, radica en la definición de los niveles de peligrosidad de los índices. En el cuadro 16 se resumen las descripciones del IMECA, de Ott y Thom, y de la norma NAAQS, para niveles similares de contaminación. Para el nivel 101-200, por ejemplo, mientras el IMECA describe "Aumento de molestias en personas sensibles", el índice de Ott y Thom lo define como declaradamente "malo para la salud". Los niveles siguientes, descritos por el IMECA como

CUADRO 16. Comparación entre la descripción del IMECA, la del índice de Ott y Thom y la de norma NAAQS, para distintos niveles de contaminación del aire

Índice	Descripción IMECA	Ott y Thom	NAAQS
0–50	Situación muy favorable para la realización de todo tipo de actividades físicas.	Bueno	Bajo la norma
51–100	Situación favorable para la realización de todo tipo de actividades.	Satisfactorio	Bajo la norma
101–200	Aumento de molestias en personas sensibles.	Malo para la salud	Sobre la norma
201–300	Aumento de molestias e intolerancia relativa al ejercicio en personas con padecimientos respiratorios y cardiovasculares. Aparición de ligeras molestias en la población en general.	Peligroso	Alerta
301–400	Aparición de diversos síntomas e intolerancia al ejercicio en la población sana.	Peligroso	Aviso
401–500	Aparición de diversos síntomas e intolerancia al ejercicio en la población sana.	Peligroso	Emergencia
501 o más	(No se describe.)		Daño significativo para la salud humana

de incidencia fundamentalmente sobre la población sensible, son descritos por Ott y Thom como "peligrosos" para la salud humana, y son definidos por la norma NAAQS como niveles de "alerta", de "aviso", y de "emergencia". En el último nivel la diferencia de definiciones es aún más marcada: mientras el IMECA describe este nivel como de "aparición de diversos síntomas e intolerancia al ejercicio en la población sana", el índice de Ott y Thom lo describe como "peligroso" y la norma NAAQS como de "emergencia" poblacional.

La segunda característica más importante del IMECA es la combinación de los distintos indicadores de calidad del aire en un índice global, a través del procedimiento denominado "función de operador máximo". Este procedimiento consiste en informar sólo acerca del índice que tuvo mayor puntaje en la escala del IMECA, haciendo caso omiso de los demás valores. El operador máximo tiene, por un lado, la virtud de no promediar los valores de los índices, dándonos así una medida exacta del nivel de peligrosidad que encierra el contaminante principal. La idea subyacente a este procedimiento es informar acerca del "peor de los casos". Es decir, el cálculo del IMECA asume que si se presenta al público la información acerca del contaminante con niveles más elevados, se le informa de manera insesgada acerca de los niveles más críticos para la salud humana en el total de los contaminantes atmosféricos. El procedimiento, sin embargo, tiene un inconveniente. Al informar sólo acerca del contaminante principal, el operador máximo oculta si los demás contaminantes presentan también valores potencialmente dañinos para la salud humana, o si, por el contrario, se encuentran dentro de umbrales aceptables. Una buena información acerca de la calidad del aire debería describir los niveles de contaminación de todos aquellos contaminantes que se encuentren por encima del umbral del IMECA 100.

El indudable deterioro de la calidad del aire sobre la ciudad de México es causa de atención y de preocupación en la población. Muchos citadinos quieren y desean ser informados acerca de los niveles reales de peligrosidad que enfrentan, sobre todo durante el invierno cuando la atmósfera sobre la ciudad se estabiliza. Los niveles de tolerancia y umbrales establecidos en el IMECA para el nivel 100, son en general más elevados que los aceptados internacionalmente, sobre todo en los casos del ozono y del monóxido de carbono. Sería conveniente revisar estos puntos de quiebre de manera periódica, según las nuevas evidencias que se van acumulando en diferentes laboratorios y organismos internacionales.

La descripción de los niveles de daño a la salud humana asociados a los diferentes puntajes del IMECA es demasiado larga y compleja, por un lado, y por el otro parece restarle importancia a los verdaderos riesgos asociados con periodos largos de acumulación de contaminantes sobre la atmósfera de la ciudad. Existe el consenso en distintos organismos internacionales de que cualquier nivel por encima del IMECA 100 es muy dañino para la salud humana en general, sobre todo si se prolonga por varias horas o días, y que en largo plazo ocasiona más que "molestias menores en personas sensibles". El IMECA, tal cual se informa actualmente a la población, no hace diferencias entre un nivel 100 que se prolonga sólo una hora, contra niveles similares que se prolongan muchas horas o aun días.

En el futuro, será necesario informar a la población de los reales niveles de contaminación atmosférica que se detectan sobre la ciudad. Para ello, se debería informar de todos los contaminantes que superen el nivel 100 del IMECA, y no sólo del "operador máximo". Por otro lado, sería conveniente anexar a la información que se distribuye a los medios de difusión, las concentraciones equivalentes en partes por millón (ppm) o en $\mu g/m^3$ de los niveles indicados para cada contaminante. Muchos habitantes de la ciudad con educación técnica o con formación en ciencias ambientales desean conocer, además del índice, los valores reales de contaminación que se registran.

Las inversiones térmicas

Todos hemos oído hablar del riesgo que representan las inversiones térmicas en la ciudad de México. Pocas personas, sin embargo, tienen una idea clara de cómo ocurren. Con frecuencia, los habitantes de la ciudad parecen creer que las inversiones térmicas son causadas por la contaminación. En realidad, las inversiones térmicas ocurren normalmente en invierno en muchas partes del mundo, tanto en ciudades como en el campo, sin ninguna consecuencia. El problema en la cuenca de México es que los altos niveles de contaminación ambiental, que discutimos en el punto anterior, pueden alcanzar durante una inversión térmica niveles severamente dañinos para la salud humana. El riesgo, entonces, no es la inversión, que ocurre normalmente en muchas partes, sino la inversión en un área donde las concentraciones de contaminantes son muy elevadas. Veamos esto con más detalle.

En condiciones normales, el aire se hace más frío a medida que ascendemos en altura. La razón de este fenómeno se debe a que a mayores alturas la capa atmosférica sobre el observador es menor, y por lo tanto la presión atmosférica se hace más baja. Recordemos ahora un principio sencillo del comportamiento de los gases: el aire se calienta al comprimirse, y al descomprimirse se enfría (cualquiera que haya tocado el extremo del inflador de una bicicleta conoce el fenómeno perfectamente). La explicación de los cambios de temperatura del aire con la altura es entonces relativamente sencilla: a nivel del mar el aire se encuentra a mayor presión, y por lo tanto más caliente que a mayores alturas. Cuanto más alto, más fría estará la temperatura del aire.

La velocidad a la cual una masa de aire se enfría cuando se descomprime se conoce como el "gradiente adiabático" del aire. El valor del gradiente adiabático varía según la humedad de la atmósfera, con valores cercanos a 1° C cada 100 metros en atmósferas muy secas, hasta valores de 0.6° a 0.3° C cada 100 m en atmósferas saturadas de humedad. Se conoce como "perfil térmico" del aire a los valores reales que tiene la temperatura del aire a distintas alturas sobre el suelo, a una cierta hora del día. En días soleados de verano, al mediodía, los rayos del Sol calientan el suelo y la capa de aire cercana al mismo. Esta capa de aire caliente a nivel del suelo (responsable, entre otras cosas, de los "espejismos" que vemos en las carreteras) se encuentra en situación inestable desde el punto de vista físico. A medida que nos acercamos al suelo, el perfil térmico se calienta más rápidamente de lo que predice el gradiente adiabático. Si una pequeña masa de esta capa sube, se enfriará según el gradiente adiabático (1° C cada 100 m), pero como estaba sobrecalentada originalmente, tendrá más temperatura que el aire que la rodea. Al estar más caliente estará más expandida, será más liviana, y tenderá a subir como un globo aerostático. En días así tienden a formarse torbellinos, y la atmósfera en general es turbulenta. Sobre las partes de suelo más caliente tienden a formarse corrientes de aire ascendente, conocidas como "corrientes térmicas". Estas corrientes térmicas son, en días soleados, las responsables de dispersar los contaminantes sobre la ciudad de México. El calor del Sol sobre el concreto y el asfalto de la ciudad genera corrientes ascendentes que se llevan los contaminantes hacia arriba, donde son dispersados por la circulación general de la atmósfera.

En las noches frías, en cambio, la situación se invierte. Durante las noches la tierra no recibe radiación solar, pero emite calor (radiación infrarroja) hacia las capas superiores de la atmósfera y hacia el espacio exterior. Como consecuencia, el suelo se enfría, y se enfrían también las capas de aire más cercanas a la tierra. El perfil térmico se invierte respecto de la situación en días soleados, las capas más frías se encuentran ahora cercanas al suelo. Por esa razón, el fenómeno ha sido descrito como "inversión térmica". La capa de aire frío a nivel del suelo se encuentra ahora en una situación estable desde el punto de vista físico. Si una pequeña masa de esta capa sube, se enfriará según el gradiente adiabático, pero como estaba fría originalmente, tendrá menos temperatura que el aire que la rodea. Al estar más fría estará menos expandida, será más densa, y tenderá a bajar nuevamente. En noches de inversión térmica la atmósfera se mantiene quieta, desaparecen la turbulencia y los movimientos verticales del aire. Los contaminantes no son dispersados hacia las capas superiores de la atmósfera, sino que se acumulan sobre la ciudad. Durante la mañana del día siguiente el Sol calentará nuevamente el suelo y con él, las capas de aire más bajas. En algún momento se invertirá el perfil térmico, y el aire volverá a mezclarse por movimiento turbulento. El Sol habrá iniciado su diaria rutina de elevación de los contaminantes hacia las capas superiores de la atmósfera, y la ciudad podrá respirar nuevamente. A las 11 de la mañana aproximadamente, en los días de inversión térmica, los servicios de información ambiental avisan que se ha "roto la inversión".

El requisito físico principal para que se presente una inversión es una atmósfera clara y libre de humedad, que permita la disipación de calor —y el consecuente enfriamiento— de la superficie del suelo. La tierra emite radiación en el rango infrarrojo, y el agua de las nubes es opaca a este tipo de radiación. Por lo tanto, las capas inferiores de aire se enfrían más fácilmente en noches despejadas de invierno y aun de primavera (abril–mayo). La llegada de las lluvias a la ciudad de México genera una atmósfera saturada de humedad, y la frecuencia de inversiones disminuye sensiblemente (Figura 17). Los meses con más frecuencia de inversiones son, obviamente, los meses de invierno, donde se conjugan las bajas temperaturas con la temporada de secas. La altura a la que comienza a invertirse el perfil térmico es también importante. Cuanto más baja sea la inversión, más fácilmente se romperá durante el día. En los casos de inversión más severos, ésta comienza a más de 400 m sobre el suelo de la ciudad. La mayor parte de las inversiones, sin embargo, comienzan cerca de 200 m sobre el suelo, y algunas inversiones leves lo hacen a menos de 100 m.

Por supuesto, el fenómeno de inversión del perfil térmico ocurre en todas partes, no sólo en las ciudades, pero es motivo de preocupación y de estudio en zonas como la ciudad de México, donde se depende crucialmente de la turbulencia atmosférica para eliminar los contaminantes del aire. Dos factores adicionales hacen que el fenómeno sea

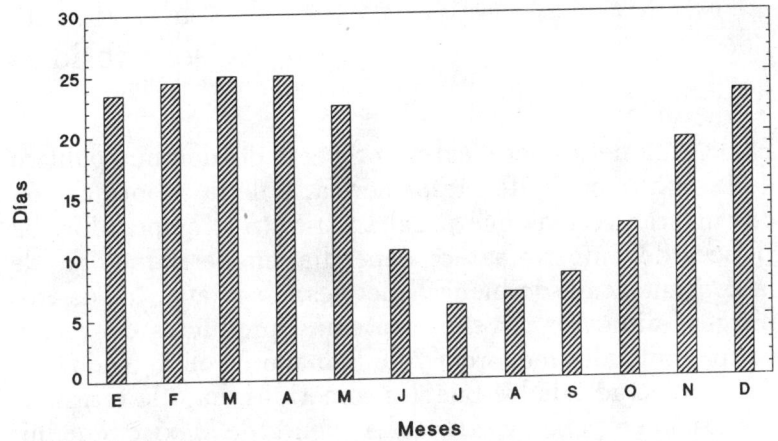

Figura 17. Frecuencia de inversiones térmicas sobre la ciudad de México. Las barras indican el número de noches al mes en las que se observan inversiones del perfil térmico de la atmósfera. Aun en primavera (abril y mayo) el fenómeno ocurre con mucha frecuencia. El incremento de nubosidad asociado a las lluvias de verano (junio–octubre) impide el enfriamiento nocturno y disminuye sensiblemente la frecuencia de inversiones térmicas (Fuente: Servicio Meteorológico Nacional, años 1953–1960, y SEDUE, años 1978–1985).

crítico en la cuenca de México. Por un lado, las montañas que rodean a la ciudad hacen que el movimiento lateral del aire, el segundo mecanismo de eliminación de contaminantes atmosféricos, sea muy bajo. En la cuenca de México los vientos son muy leves, y no actúan como dispersores alternativos cuando la turbulencia atmosférica vertical deja de operar. Por otro lado, muchos citadinos viven con preocupación por que tenga que ser el Sol, por las mañanas, el que rompa la inversión y disperse los contaminantes acumulados. ¿Qué pasaría si en un invierno particularmente frío el Sol no alcanza a romper la inversión durante el día, y se acumulan contaminantes sobre la cuenca durante varios días? La perspectiva es aterradora. Sabemos que en Londres ocurrió un suceso de ese tipo en 1957, y el trágico saldo final fue de decenas de miles de muertos.

V. La ciudad de los subsidios

EL PODER del Imperio azteca provenía del dominio político de la mayor parte de Mesoamérica, y de la subordinación de culturas vecinas que pagaban tributo al emperador. La riqueza del Imperio azteca dependía, en cierta medida, de la concentración de bienes (metales, obsidiana, frutos tropicales, alimentos ricos en proteínas, productos del mar y varios minerales menores) y de la mano de obra. Todo esto era recolectado de los pueblos sometidos, bajo la forma de tributo al emperador azteca. La cuenca de México, que inicialmente permitió el surgimiento de la cultura mexica a través de la apropiación y el uso de la altamente productiva tecnología chinampera, fue transformándose en un ecosistema subsidiado, que necesitaba de una entrada continua de materiales y de trabajo provenientes de otras regiones.

Esta tradición, mantenida durante la Colonia, ha alcanzado actualmente proporciones inmensas y, para algunos, grotescas. Pocos ecosistemas en el mundo se encuentran tan lejos de la autosuficiencia como la cuenca de México. Con muchos de sus bosques talados, la mayor parte de las tierras agrícolas sepultadas bajo construcciones y prácticamente todos sus lagos secos y drenados, la producción de materias primas y de energía dentro de la cuenca es muy baja y no alcanzaría para abastecer ni siquiera a una pequeña fracción de sus 19 000 000 de habitantes actuales. Por ello, la ciudad debe diariamente traer enormes cantidades de comida, energía, agua, madera, materiales de construcción, y muchos otros productos que subsidian los deficitarios ciclos de agua, materia, nutrientes y energía dentro de la cuenca. Con sólo 22% de la población, la ciudad de México consume el 27% del petróleo usado en el país, y aproximadamente un tercio de su electricidad (Cuadro 17). Por supuesto, el consumo indirecto aumenta de manera importante estas cifras: buena parte de la energía usada por las industrias fuera de

CUADRO 17. Consumo de energía en la República Mexicana y en la cuenca de México entre 1970 y 1975, en m³ de petróleo o su equivalente. Los números entre paréntesis indican la proporción utilizada por la cuenca de México respecto del total nacional (Fuente: Ibarra *et al.*, 1986)

Año	1970		1975	
	Todo el país			
Petróleo	34 060 003		48 081 005	
Electricidad	2 320 482		3 708 698	
Carbón	1 470 000		2 616 000	
TOTAL	37 850 485		54 405 703	
	Cuenca de México			
Petróleo	9 215 600	(27.1%)	13 202 132	(27.5%)
Electricidad	753 874	(32.5%)	1 065 554	(28.7%)
Carbón	0	—	0	—
TOTAL	9 969 474	(26.3%)	14 267 686	(26.2%)

la ciudad se emplea en fabricar bienes que son introducidos a la misma.

El modelo mexicano de desarrollo ha dado prioridad al mejoramiento de la calidad de vida en las grandes ciudades, donde la demanda social se encuentra más concentrada, a expensas de las áreas rurales, que se han visto comparativamente empobrecidas. A pesar de los grandes problemas de contaminación, entre 1950 y 1980 la ciudad de México ha experimentado una marcada mejoría en los indicadores de calidad de vida (Cuadro 18), pero los cambios correspondientes a nivel nacional han sido más lentos. Esta diferencia es mucho más marcada, por supuesto, si se compara la ciudad de México con las áreas rurales deprimidas de donde proviene la mayor parte de los inmigrantes. Es también evidente que los servicios públicos en general, como educación, agua potable y drenaje, son escasos en las regiones más pobres del campo mexicano. Estas regiones deprimidas, paradójicamente, son las que proveen a precios muy baratos muchos de los productos que consume la ciudad, y las que

CUADRO 18. Evolución de algunos indicadores de calidad de vida para la ciudad de México desde 1950 hasta 1980. Los valores de los mismos indicadores en 1980 para todo la República Mexicana (RM) se muestran para su comparación (n.d. = dato no disponible; Fuente: Ibarra *et al.*, 1986)

Año	1950	1960	1970	1980	1980-RM
Expectativa de vida al nacer (años)	55.0	60.8	63.2	65.2	64.4
Mortalidad infantil (%)	12.0	7.9	7.4	4.3	7.1
Alfabetismo en adultos (%)	83.8	88.4	92.6	95.6	83.0
Proporción de viviendas con agua corriente (%)	n.d.	35.0	53.0	67.0	n.d.
Proporción de viviendas con drenaje (%)	n.d.	33.0	63.0	81.3	n.d.
Proporción de viviendas poseídas en propiedad por sus residentes (%)	n.d.	34.0	50.0	52.7	n.d.

generan, por otro lado, la mayor parte de los inmigrantes que llegan a la cuenca.

A través de este sistema de subsidios ecológicos, muchos de los problemas generados por el crecimiento o por el mismo tamaño de la ciudad de México se extienden a áreas vecinas. Por ejemplo, el problema crónico de falta de agua en la ciudad se ha transferido en buena medida a las cuencas del Lerma y del Cutzamala, desde donde se extraen en promedio 18 m^3 de agua por segundo (Bazdresch, 1986). Las aguas servidas, por otro lado, se drenan hacia la cuenca del Tula. De esta manera, los problemas de contaminación acuática se exportan a los campos de Hidalgo, donde una parcela bajo riego puede recibir en un año hasta 470 kg/ha de metales, 710 kg/ha de boro y 2 300 kg/ha de detergentes (Ibarra, Saavedra, Puente, y Schteingart, 1986).

Como efecto sumado a las interpretaciones ecológicas de estos subsidios, la concentración urbana de la ciudad de México ha ocasionado también la concentración de la riqueza en la ciudad y un subsidio económico concedido implícitamente por el resto del país a los residentes de la capital. Veamos algunos ejemplos: El transporte público de la ciudad (camiones, trolebuses y metro) cuesta en la actualidad aproximadamente 0.12 dólares (300 pesos) por viaje, una tarifa fija e independiente de la distancia recorrida. En el caso del metro, que transporta unos 3 000 000 de pasajeros diariamente (Bravo, 1986), la tarifa actual genera ingresos de aproximadamente 350 000 dólares por día, pero el costo real de operación del sistema es del orden de 1 500 000 de dólares por día (Bazdresch, 1986). La diferencia es, en última instancia, subsidiada por todos los contribuyentes.

En el caso del agua, se calcula que su distribución domiciliaria cuesta aproximadamente 0.20 dólares por metro cúbico (aproximadamente 200 pesos/m^3 en 1986; y 400 pesos/m^3 en 1989). Este precio se debe en buena medida a los altos costos de bombeo de agua desde la cuenca del Lerma, e implica que el gobierno debe gastar más de 200 millones de dólares por año para proveer de agua a la ciudad. Los ingresos obtenidos por este servicio, sin embargo, son mucho menores: alrededor de 40 000 000 a 60 000 000 de dólares por año, es decir, entre 20 y 30% del costo total. Otros servicios como electricidad, gas, eliminación de residuos y mantenimiento de calles, se encuentran subsidiados para todo el país por igual, y no sólo para la ciudad de México. Sin embargo, dado que ésta usufructúa estos servicios en una proporción más alta que el resto del país, recibe también una parte mayor de los subsidios, como ya se ha discutido en el caso de la energía. El contraste es mayor en relación con las áreas rurales deprimidas, que exportan sus productos a precios bajos a la ciudad pero que no se benefician con los servicios urbanos subsidiados.

VI. Perspectivas futuras

Es DIFÍCIL predecir qué reserva el futuro a la ciudad de México. Podemos, sin embargo, calcular qué pasaría si el sentido de cambio (es decir, las tasas) de las variables bajo estudio se mantiene más o menos constante. Este tipo de proyecciones son comunes en demografía y deben interpretarse como una evaluación burda de lo que podría pasar si las tendencias actuales se mantienen. Para realizar estos cálculos deben estimarse primero los valores de las tasas de cambio de las variables que nos interesan (capítulo IV y Apéndice), para posteriormente proyectar hacia el futuro el comportamiento del sistema. Por supuesto, estas proyecciones serán sólo válidas si las tasas de cambio permanecen más o menos constantes en el futuro. Aunque no existe la certeza de que esto será así en todos los casos, los valores proyectados son, por lo menos, muy buenos indicadores de las consecuencias que se pueden enfrentar si se mantiene determinada política ambiental.

Al ritmo de cambio actual, para el año 2000 (véanse el cuadro 19 y la figura 18), la ciudad de México ocupará 2 700 km^2. La mayor parte (92%) de esa inmensa área urbana será ocupada por edificios y calles, mientras que sólo 6% de la misma será ocupada por parques y áreas verdes. Cerca de 30 000 000 de personas vivirán en la cuenca de México, con una media de algo menos de 5 m^2 de áreas verdes *per capita*, incluyendo los jardines particulares a los que, por supuesto, no tiene acceso el grueso de la población. En las partes más pobres de la ciudad la situación será considerablemente más grave: los vecinos de condominios verticales y de colonias populares gozarán de menos de 1 m^2 de espacios verdes para uso recreacional, como ya es el caso en varias partes de la ciudad (Guevara y Moreno, 1987).

La ciudad de México habrá cambiado de la mezcla heterogénea de ambientes urbanos y rurales, que era su característica más típica durante la primera mitad de este

CUADRO 19. Población, área urbana total y áreas verdes por habitante para la ciudad de México en 1950 y 1980, y valores proyectados para el año 2000

	1950	1980	2000
Población (millones)	3.0	13.8	32.7
Área urbana total (km^2)	215	980	2 700
Áreas verdes urbanas totales (m^2/hab.)	29.0	9.9	5.6
Parques, plazas y áreas recreativas (m^2/hab.)	9.0	5.9	5.0

siglo, a un ambiente urbano sobrepoblado, sin áreas verdes ni espacios públicos abiertos (Figura 18). A fin del milenio aproximadamente 50 m^3 de agua deberán ser bombeados cada segundo de fuera de la cuenca si no se construyen pronto nuevos sistemas de tratamiento de aguas residuales. La fuente de este inmenso caudal de agua no está definida actualmente, pero lo que sí es claro es que la extensión de la mancha urbana a 2 700 km^2 necesariamente implicará la deforestación de muchas áreas boscosas periféricas que actualmente funcionan como reguladores del ya fuertemente perturbado ciclo hidrológico de la cuenca.

No podemos mostrarnos optimistas acerca de estas perspectivas. Todo parece indicar que el crecimiento urbano de la ciudad está rápidamente agotando sus límites. Debemos asumir el futuro como un problema científico y también como un problema político asociado al modelo de desarrollo del país. Es claro que deben tomarse acciones decididas antes de que el problema nos supere por sus dimensiones. Pero ya desde el auge de Teotihuacan la historia de la cuenca de México es una historia de crecimiento, colapso y renacimiento cultural. Quizás más agudos que nunca, muchos de los problemas actuales de la ciudad de México son casi una tradición de la metrópoli. La cuenca de México, durante dos milenios, ha sido de las regiones más densamente pobladas del planeta, y sus pobladores han usado su posición administrativa y política preeminente para obtener ventajas

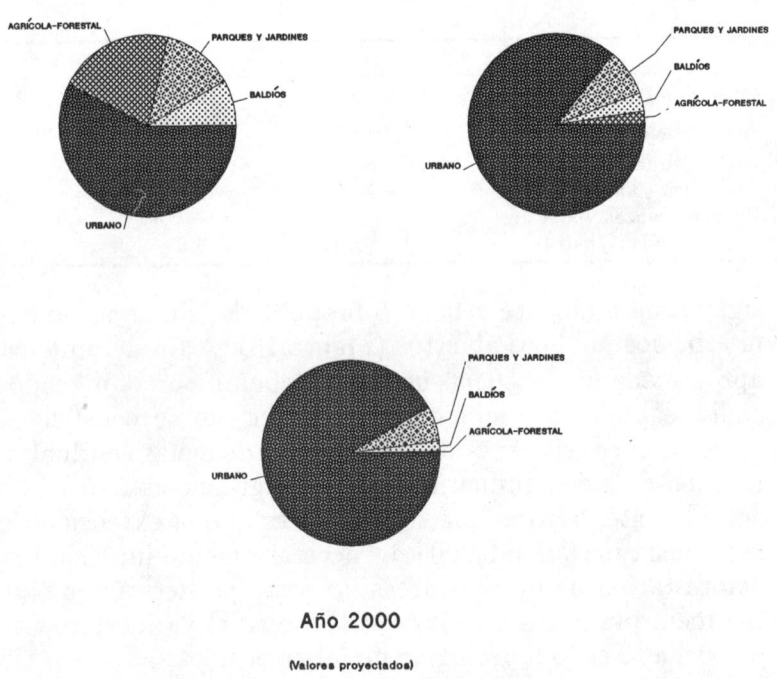

Figura 18. Evolución de la distribución del uso del suelo en la ciudad de México entre 1950 y 1980 y valores calculados para el año 2000. Las superficies urbanas fueron divididas en a) áreas agrícolas, b) parques, jardines y camellones, c) terrenos baldíos y d) superficies urbanizadas incluyendo calles y construcciones.

de otras regiones del país. Pero también es indudable que la industrialización moderna ha exagerado esta tendencia histórica a niveles dramáticos y que es, al mismo tiempo, responsable de la urbanización desproporcionada y de la desigual distribución de población y riquezas en la cuenca de México (Garza, 1986).

Desde la estabilización de la Revolución Mexicana se desarrolló un modelo de crecimiento económico que Sandbrook (1986) ha llamado "modernización conservadora", a través de la alianza de los tres sectores dominantes: el gobierno posrevolucionario, la iniciativa privada y el capital extranjero. El objetivo de esta alianza fue el desarrollo industrial, frecuentemente a expensas de la igualdad social. Los recursos públicos fueron masivamente canalizados hacia el desarrollo industrial y éste, a su vez, produjo una migración a las ciudades y un crecimiento urbano acelerado. Dentro de este modelo de desarrollo, la cuenca de México concentra al gobierno federal, la burocracia del Estado, una amplia clase media con una gran capacidad de consumo, infraestructura como electricidad, calles, escuelas, universidades y servicios de salud y, finalmente, un cúmulo de industrias deseosas de obtener beneficios a partir de este inmenso y creciente mercado. Estos sectores forman la parte "moderna" de la ciudad, con grandes edificios, centros comerciales, autopistas y suburbios residenciales. Pero la mayor parte de la ciudad está formada por colonias populares, habitadas por trabajadores y subempleados, los que hace apenas una generación eran campesinos en el México rural que llegaron a la ciudad buscando una pequeña tajada de los bienes y servicios que ofrece el modelo de industrialización. La tendencia continúa, y la mancha urbana todavía se expande sobre bosques y milpas. Sólo una política decidida de descentralización, que promueva la migración hacia ciudades menores, que favorezca la vida de los habitantes del campo y que aplique severos impuestos a los habitantes de la ciudad en proporción geométrica a su nivel de consumo de recursos y a su nivel de producción de contaminantes podría revertir este proceso (Ruiz Chiapetto, 1986). Pero una política con esas características costaría también mucho dinero a un país con una deuda externa de más de 110 000 millones de dólares y afectaría los intereses de grandes industrias nacionales y multinacionales, y posiblemente también afectaría los intereses inmediatos de los trabajadores del valle de México. La población de la cuenca debe asumir y tomar conciencia de la gravedad de los problemas ambientales, para que una verdadera política de descentralización pueda tener éxito.

El futuro de la cuenca de México se encuentra estrechamente relacionado con el futuro económico de toda América Latina, y con el modelo de desarrollo político y social que el país adopte durante la próxima década. Pero la historia de la cuenca de México incluye crecimiento, crisis y renacimientos, desintegraciones catastróficas y reorganizaciones culturales.

Aunque quizás más agudos que nunca, muchos de los problemas no son nuevos. Durante los próximos 10 años la ciudad de México seguirá creciendo. La velocidad a la que crezca depende de las alternativas que se generen en otros polos de desarrollo a nivel nacional. Los costos del crecimiento dependen del grado de organización y de solidaridad que demuestren los mismos citadinos para resolver los problemas ambientales. Rápida e irreversiblemente, México se está transformando de un país rural en un país eminentemente urbano. Está en nuestras manos encontrar respuestas creativas a los viejos y a los nuevos problemas que plantea el desarrollo industrial de la antigua capital del Anáhuac.

APÉNDICE

MÉTODOS DE MODELAJE Y PROYECCIÓN

Asumamos que la tasa de cambio de una variable de interés ambiental o urbanístico se mantiene relativamente constante dentro de un cierto intervalo de tiempo. En términos matemáticos, esto puede escribirse como una ecuación diferencial del tipo:

$$\frac{1}{X}\frac{dX}{dt} = k, \qquad (1)$$

donde X es la variable en cuestión y k es la tasa relativa de cambio. Los valores de k serán positivos para variables que tienden a aumentar con el tiempo (por ejemplo, el número de habitantes en la ciudad de México) y serán negativos para variables que tienden a disminuir con el tiempo (por ejemplo, la proporción de áreas verdes dentro de la ciudad). Integrando la ecuación (1) obtenemos:

$$X(t) = X(0)e^{kt}, \qquad (2)$$

que es la típica curva de crecimiento exponencial usada en demografía para proyectar valores futuros de una población cuando la tasa relativa de crecimiento (k) ha sido estimada.

Si sólo conocemos dos puntos de la curva de crecimiento (es decir, si conocemos el valor de la variable X sólo para dos tiempos distintos), la tasa relativa de crecimiento puede calcularse a partir de la ecuación (1), reescribiéndola como:

$$\frac{d\ln X}{dt} = k, \qquad (3)$$

y aproximando su valor a partir de una ecuación en diferencias finitas:

$$k = \frac{\Delta \ln X}{\Delta t} \qquad (4)$$

Alternativamente, si conocemos más de dos puntos de la curva de crecimiento (es decir, si conocemos el valor de la variable X para varios tiempos distintos), la tasa relativa de crecimiento puede ser calculada a partir de la ecuación (2), reescribiéndola en forma logarítmica como:

$$\ln X(t) = \ln X(0) + kt, \qquad (5)$$

donde k puede calcularse como la pendiente de la recta de regresión entre el logaritmo de la variable bajo estudio ($\ln X$) y el tiempo (t). La estimación por regresión nos arroja también los errores estándar de la tasa relativa, un estadístico de gran valor para realizar comparaciones entre tasas relativas de cambio de distintas variables.

Una vez que los valores de la tasa relativa de cambio han sido calculados, pueden ser utilizados para proyectar el comportamiento del sistema hacia el futuro. Claramente, estas proyecciones serán válidas si los valores de la tasa actual (k) se mantienen relativamente constantes en el tiempo. Aunque no existe ninguna certeza de que esto será efectivamente así, los valores proyectados por este método son, por lo menos, buenos indicadores de las consecuencias futuras de mantener una tendencia actual.

BIBLIOGRAFÍA

Aguilar Sahagún, G., "Reglamentación en problemas de desechos sólidos", *Memorias de la I Reunión Regional sobre Legislación Ambiental, Monterrey, Nuevo León*, Secretaría de Desarrollo Urbano y Ecología, México, 1984, pp. 35–45.

Álvarez, J. R. (coordinador), *Imagen de la Gran Capital*, Enciclopedia de México, México, 1985, 316 pp.

Anawalt, P. R., "Los sacrificios humanos entre los aztecas", *Mundo científico (La Recherche)* **58**; 564–573 (1986).

Anónimo, *Reflexiones y apuntes sobre la ciudad de México*, (texto anónimo, compilado y editado por Ignacio González Polo y publicado en 1984 por el Departamento del Distrito Federal), Colección Distrito Federal, núm. 4, México, 1788, 155 pp.

Avediz Aznavourian, A., "Normas de calidad del aire en México", *Memorias de la I Reunión Regional sobre Legislación Ambiental, Monterrey, Nuevo León*, Secretaría de Desarrollo Urbano y Ecología, México, 1984, pp. 101–120.

Barradas, V. y R. J-Seres, "Los pulmones urbanos", *Ciencia y Desarrollo* **79**, 61–72 (1987).

Barfoot, K. M., C. Vargas-Aburto, J. D. MacArthur, A. Jaidar, F. García-Santibáñez y V. Fuentes-Gea, "Multi-elemental measurements of air particulate pollution at a site in Mexico City", *Atmospheric Environment* **18**, 467–451 (1984).

Bauer, L. I., T Hernández Tejeda y W. J. Manning, "Ozone causes needle injury and tree decline in *Pinus hartwegii* at high altitudes in the mountains around Mexico City", *J. Air Pollut. Control Assoc.* **35** (8) 838 (1985).

Bazdresch, C., "Los subsidios y la concentración en la Ciudad de México", B. Torres (comp.), *Descentralización y democracia en México*, El Colegio de México, México, 1986, pp. 205–218.

Bravo, H., "La atmósfera de la Zona Metropolitana de la Ciudad de México", *Desarrollo y Medio Ambiente. Fund. Mex. Rest. Ambiental* **2** 2–3 (1986).

——, *La contaminación del aire en México*, Fundación Universo Veintiuno, México, D.F., 1987, 296 pp.

Calderón, E. y B. Hernández, "Crecimiento actual de la población de México", *Ciencia y Desarrollo* **76** 49–66 (1987).

Calvillo-Ortega, M. T., "Áreas verdes de la ciudad de México", *Anuario de Geografía* **16** 377–382 (1978).

Ceballos, G. y C. Galindo, *Mamíferos silvestres de la Cuenca de México*, MAB-UNESCO y Editorial Limusa, México, 1984, 299 pp.

Cortés, H., *Cartas de Relación*, Sevilla. 1522. (Editado en México en 1960, Editorial Porrúa, México, 330 pp.)

DDF (Departamento del Distrito Federal), *Plantas de tratamiento de aguas negras en la ciudad de México*, Departamento del Distrito Federal, Dirección General de Obras Hidráulicas, México, D.F., 1974, 12 pp.

——, *Volumen de agua potable para la Ciudad de México, datos estimativos 1976*, Departamento del Distrito Federal, Dirección General de Obras Hidráulicas, México, D.F., 1977, 25 pp.

——, *La Ciudad de México antes y después de la Conquista* (compilación de textos del principio de la Colonia), Colección Distrito Federal, núm. 2, México, D.F., 1983, 163 pp.

——, *Manual de planeación, diseño y manejo de las áreas verdes urbanas del Distrito Federal*, Departamento del Distrito Federal, México, 1986, 681 pp.

——, *Programas de desarrollo urbano del Distrito Federal, 1987–1988*, México, 1987. (Publicado en todos los periódicos de la ciudad de México el 8 de enero de 1987.)

DGCOH (Dirección General de Construcción y Operación Hidráulicas), *Sistema hidráulico del Distrito Federal*, Dirección General de Construcción y Operación Hidráulicas, Departamento del Distrito Federal, México, 1981.

——, *El sistema hidráulico del Distrito Federal. Estrategia para el periodo 1989-1994*, Informe interno, Dirección General de Construcción y Operación Hidráulicas, Departamento del Distrito Federal, México, 1989.

——, *Plan maestro de agua potable*, Informe interno, Dirección General de Construcción y Operación Hidráulicas, Departamento del Distrito Federal, México, 1989.

Diamond, J. M., "Historic extinctions: a Rosetta stone for understanding prehistoric extinctions", en P. S. Martin y L. R. Klein (comps.), *Quaternary extinctions: a prehistoric revolution*, The University of Arizona Press, Tucson, Arizona, 1984, pp. 824-862.

Duverger, C., *La flor letal. Economía del sacrificio azteca*, Fondo de Cultura Económica, México, 1983, 233 pp.

Fortson, J. R., "Agua, acueductos, drenaje, conservación y renovación", en *El agua, fuente de vida*, Colección Papeles, núm. 10, Impresora y Editora Cocoyoc, México, 1986.

Fuentes-Gea, V. y A. A. C. Hernández, "Evaluación preliminar de la contaminación del aire por partículas en el Área Metropolitana del Valle de México", *Memorias del IV Congreso Nacional de Ingeniería Sanitaria y Ambiental*, Sociedad Mexicana de Ingeniería Sanitaria y Ambiental, México, 1984, pp. 523-526.

Galindo, G. y J. Morales, "El relieve y los asentamientos humanos en la Ciudad de México", *Ciencia y Desarrollo* **76** 67-80 (1987).

Gamboa, M. T., *Identificación y cuantificación de microorganismos (bacterias y hongos) y su relación con la distribución del tamaño de partículas en cuatro sitios de la atmósfera de la ciudad de México*, Tesis, Facultad de Ciencias, UNAM, México, 1983.

García Quintana, J. y J. R. Romero Galván, *Tenochtitlan y su problemática lacustre*, UNAM, México, 1978, 132 pp.

Garza, G., "El desarrollo urbano de México: Realidades y conjeturas", en B. Torres (comp.), *Descentralización y democracia en México*, El Colegio de México, México, 1986, pp. 237-280.

Guerrero, G., A. Moreno y H. Garduño, *El sistema hidráulico del Distrito Federal*, Departamento del Distrito Federal, DGCOH, México, 1982.

Guevara, S. y P. Moreno, "Áreas verdes en la zona metropolitana de la ciudad de México", G. Garza (comp.), *Atlas de la*

Ciudad de México, Departamento del Distrito Federal y El Colegio de México, México, 1987, pp. 231–236.

Goldani, A. M., "Impacto de los inmigrantes sobre la estructura y el crecimiento del área metropolitana", H. Muñoz, O. de Oliveira y C. Stern (comps.), *Migración y desigualdad social en la ciudad de México*, Instituto de Investigaciones Sociales, UNAM y El Colegio de México, México, 1977, pp. 129–137.

González Angulo, J. y Y. Terán Trillo, *Planos de la Ciudad de México 1785, 1853 y 1896*, Instituto Nacional de Antropología e Historia, Colección Científica, núm. 50, México, 1976, 96 pp.

Halffter, G. y E. Ezcurra., "Diseño de una política ecológica para el valle de México", *Ciencia y Desarrollo* 53 89–96 (1983).

Halffter, G. y P. Reyes-Castillo, "Fauna de la Cuenca del Valle de México", *Memoria de las Obras del Sistema del Drenaje Profundo del Distrito Federal*, vol. 1, Talleres Gráficos de la Nación, México, 1975, pp. 135–180.

Hernández Tejeda, T., L. I. de Bauer y S. V. Krupa, "Daños por gases oxidantes en pinos del Ajusco", *Memoria de los Simposia Nacionales de Parasitología Forestal II y III*, Secretaría de Agricultura y Recursos Hidráulicos, Publicación Especial, núm. 46, México, 1985, pp. 26–36.

Hernández Tejeda, T., L. I. de Bauer y M. L. Ortega Delgado, "Determinación de la clorofila total de hojas de *Pinus hartwegii* afectadas por gases oxidantes", *Memoria de los Simposia Nacionales de Parasitología Forestal II y III*, Secretaría de Agricultura y Recursos Hidráulicos, Publicación Especial, núm. 46, México, 1985, pp. 334–341.

Hernández Tejeda, T. y L. I. de Bauer, "Photochemical oxidant damage on *Pinus hartwegii* at the 'Desierto de los Leones', México, D.F.", *Phytopathology* 76 (3) 377 (1986).

Von Humboldt, A., *Ensayo político sobre el Reino de la Nueva España*, Porrúa Editores, México, 1811, 696 pp. (Edición en español de 1966.)

Ibarra, V., F. Saavedra, S. Puente y M. Schteingart, "La ciudad y el medio ambiente: El caso de la zona metropolitana de la ciudad de México", en V. Ibarra, S. Puente y F. Saavedra (comps.), *La ciudad y el medio ambiente en América Latina:*

seis estudios de caso, El Colegio de México, México, 1986, pp. 97-150.

Jáuregui, E., "La erosión eólica en los suelos vecinos al Lago de Texcoco", *Rev. de Ingeniería Hidráulica* **XXV** 103-118 (1971).

——, "Variaciones de largo periodo de la visibilidad en la Ciudad de México", *Geofísica Internacional* **22-23** 251-275 (1983).

——, "Climas", en G. Garza (comp.), *Atlas de la Ciudad de México*, Departamento del Distrito Federal y El Colegio de México, México, 1987, pp. 37-40.

Lara, O., "El agua en la Ciudad de México", *Gaceta UNAM* **45** (15) 20-22 (1988).

Lavín, M., *Cambios en las áreas verdes de la zona metroplitana de la Ciudad de México de 1940 a 1980*, Informe interno, Instituto de Ecología, México, 1983, 100 pp.

Legorreta, J., "El transporte público automotor en la Ciudad de México y sus efectos en la contaminación atmosférica", en S. Puente y J. Legorreta (coordinadores), *Medio Ambiente y Calidad de Vida*, Memorias del Seminario "La Dinámica de la Ciudad de México en la perspectiva de la investigación actual", vol. 3, pp. 263-300. Departamento del Distrito Federal, Colección Desarrollo Urbano, México, 1988.

León-Portilla, M., A. M. Garibay y A. Beltrán, *Visión de los vencidos: Relaciones indígenas de la conquista*, UNAM, México, 1972, 220 pp.

López Rosado, D., *El abasto de productos alimenticios en la ciudad de México*, Fondo de Cultura Económica, México, 1988, 582 pp.

Lorenzo, J. L., "Los orígenes mexicanos", en D. Cosío Villegas (coord.), *Historia General de México* (3a. edición), El Colegio de México, México, 1981, Tomo I, pp. 83-123.

MacNeish, R., "Early Man in the New World", *American Scientist* **64** 316-327 (1976).

Matos Moctezuma, E., "The Templo Mayor of Tenochtitlan: History and interpretation", J. Broda, D. Carrasco y E. Matos Moctezuma (comps.), *The Great Temple of Tenochtitlan. Center and periphery in the Aztec world*, Univ. of California Press, Berkeley, 1987, pp. 15-60.

Marcus, L. F. y R. Berger, "The significance of radiocarbon dates for Rancho La Brea", P. S. Martin y R. G. Klein (comps.), *Quaternary Extinctions. A prehistoric revolution*, Univ. of Arizona Press, Tucson, Arizona, 1984, pp. 159–183.

Martin, P. S., "Prehistoric overkill: the global model", en P. S. Martin y R. G. Klein (comps.), *Quaternary Extinctions. A prehistoric revolution*, Univ. of Arizona Press, Tucson, Arizona, 1984, pp. 354–403.

Monroy Hermosillo, O., "Manejo y disposición de residuos sólidos", *Desarrollo y Medio Ambiente* **2** 2–7 (1987).

Mosser, F., "Geología", Garza, G. (comp.), *Atlas de la Ciudad de México*, Departamento del Distrito Federal y El Colegio de México, México, 1987, pp. 23–29.

Niederberger, C., "Early sedentary economy in the Basin of Mexico", *Science* **203** 131–142 (1979).

——, "De la prehistoria a los primeros asentamientos humanos en la Cuenca de México", en G. Garza (comp.), *Atlas de la Ciudad de México*, Departamento del Distrito Federal y El Colegio de México, México, 1987, pp. 40–43.

——, *Palèopaysages et archeologie preurbaine du Bassin de Mexico* (dos tomos), Centre d'études Mexicaines et Centraméricaines, Colección: Etudes Mésoaméricaines, México, 1987, Tomos I y II, 855 pp.

Ortiz de Montellano, B., "Empirical Aztec Medicine", *Science* **188**, 215–220 (1975).

Páramo, V. H., M. A. Guerrero, M. A. Morales, R. E. Morales y D. Baz Contreras, "Acidez de las precipitaciones en el Distrito Federal", *Ciencia y Desarrollo* **72** 59–66 (1987).

Parsons, J. R., "Settlement and population history of the Basin of Mexico", en E. R. Wolf (comp.), *The Valley of Mexico: Studies in Prehispanic Ecology and Society*, University of New Mexico Press, Albuquerque, 1976, pp. 69–100.

Peralta, J. A., "Ciudad y transporte urbano", *La Jornada Semanal*, 7 de mayo de 1989, pág. 11.

Rojas Rabiela, T., "La cosecha del agua. Pesca, caza de aves y recolección de otros productos biológicos acuáticos de la cuenca de México", *Cuadernos de la Casa Chata*, núm. 116, CIESAS-SEP, Museo Nacional de Culturas Populares, México, 1985, pp. 1–112.

Restrepo, I. y D. Phillips, *La basura: consumo y desperdicio en*

el Distrito Federal, Centro de Ecodesarrollo, México, 1985, 193 pp.
Ruiz Chiapetto, C., "Ciudad de México: Dinámica industrial y perspectivas de descentralización después del terremoto", en B. Torres (comp.), *Descentralización y democracia en México*, El Colegio de México, México, 1986, pp. 219-236.
Rzedowski, J., "Flora y Vegetación en la Cuenca del Valle de México", en *Memoria de las Obras del Sistema del Drenaje Profundo del Distrito Federal*, vol. 1, Talleres Gráficos de la Nación, México, 1975, pp. 79-134.
SAHOP (Secretaría de Asentamientos Humanos y Obras Públicas), *Memoria descriptiva del flujo de agua, energéticos y alimentos en el área metropolitana de la ciudad de México*, SAHOP, Subsecretaría de Asentamientos Humanos, Dirección General de Ecología Urbana, México, 1977, 43 pp.
——, *Diagnóstico de la calidad atmosférica del Valle de México*, Subsecretaría de Asentamientos Humanos, Dirección General de Ecología Urbana, México, 1978, 85 pp.
Sala Catalá, J., "La localización de la capital de Nueva España, como problema científico y tecnológico", *Quipu* **3** 279-298 (1986).
Salazar, S., J. L. Bravo y Y. Falcón, "Sobre la presencia de algunos metales pesados en la atmósfera de la Ciudad de México", *Geofísica Internacional* **20** 41-54 (1981).
Sanders, W. T., "The agricultural history of the Basin of Mexico", en E. R. Wolf (comp.), *The Valley of Mexico: Studies in Prehispanic Ecology and Society*, University of New Mexico Press, Albuquerque, 1976, pp. 101-159.
Sanders, W. T., "The natural environment of the Basin of Mexico", en E. R. Wolf (comp.), *The Valley of Mexico: Studies in Prehispanic Ecology and Society*, University of New Mexico Press, Albuquerque, 1976, pp. 59-67.
Sanders, W. T., J. R. Parsons y R. S. Santley, *The Basin of Mexico: Ecological processes in the Evolution of a Civilization*, Academic Press, Nueva York, 1979, 561 pp.
Sandbrook, R., "Crisis urbana en el Tercer Mundo", V. Ibarra, S. Puente y F. Saavedra (comps.), *La ciudad y el medio ambiente en América Latina: seis estudios de caso*, El Colegio de México, México, 1986, pp. 19-27.
SEDUE (Secretaría de Desarrollo Urbano y Ecología), *Índice Me-*

tropolitano de Calidad del Aire, Corporación Internacional TECNOCONSULT, México, 1985.

——, *Informe sobre estado del medio ambiente en México*, Secretaría de Desarrollo Urbano y Ecología, México, 1986, 83 pp.

Sierra, C. J., *Historia de la navegación en la Ciudad de México*, Departamento del Distrito Federal, Colección Distrito Federal, núm. 7, México, 1984, 97 pp.

Sigler Andrade, E., V. Fuentes-Gea y C. Vargas-Aburto, "Análisis de la contaminación del aire por partículas en Ciudad Universitaria", *Memorias del III Congreso Nacional de Ingeniería Sanitaria y Ambiental*, vol. II, Sociedad Mexicana de Ingeniería Sanitaria y Ambiental, México, 1982, pp. 1-13.

Skärby, L. y G. Sellden, "The effects of ozone on crops and forests", *Ambio* **13** 68-72 (1984).

SMA (Subsecretaría de Mejoramiento del Ambiente), *Desechos sólidos*, Secretaría de Salubridad y Asistencia, Subsecretaría de Mejoramiento del Ambiente, México, 1978, 7 pp.

——, *Fuentes emisoras en México. Industrias altamente contaminantes*, Secretaría de Salubridad y Asistencia, Subsecretaría de Mejoramiento del Ambiente, México, 1978, 5 pp.

——, *Situación actual de la contaminación atmosférica en el área metropolitana de la Ciudad de México*, Secretaría de Salubridad y Asistencia, Subsecretaría de Mejoramiento del Ambiente, México, 1978, 62 pp.

Soms García, E., *La hiperurbanización en el Valle de México*, vols. I y II, Universidad Autónoma Metropolitana, México, 1986.

Sorchini, H. A. y S. Contreras, *Planta de tratamiento Cerro de la Estrella*, DGCOH, Departamento del Distrito Federal, México, 1982.

Stern, C., "Cambios en los volúmenes de migrantes provenientes de distintas zonas geoeconómicas", en H. Muñoz, O. de Oliveira y C. Stern (comps.), *Migración y desigualdad social en la ciudad de México*, UNAM y El Colegio de México, México, 1977, pp. 115-128.

Thom, G. C. y W. R. Ott, *Air Pollution Indexes. A compendium and assessment of indexes used in the United States and Canada*, The Council on Environmental Quality and the

Environmental Protection Agency, Washington, D.C., U.S. Govt. Printing Office, 1975, 164 pp.

Trabulse, E., *Cartografía mexicana: Tesoros de la Nación, siglos XVI a XIX*, Archivo General de la Nación, México, 1983, 193 pp.

Trejo Vázquez, R., "La disposición de desechos sólidos urbanos", *Ciencia y Desarrollo* **74** 79–90 (1987).

Unikel, L., *La dinámica del crecimiento de la Ciudad de México*, SEP-Setentas, México, 1974.

Velasco Levy, A., "La contaminación atmosférica en la ciudad de México", *Ciencia y Desarrollo* **52** 59–68 (1983).

ÍNDICE

Prólogo 7

I. Las transformaciones y el deterioro ambiental de la cuenca de México 9

II. El escenario ecológico 11
   El medio abiótico 11
   Vegetación 15
   Fauna 22
   ¿El cuerno de la abundancia? 28

III. Historia ambiental de la cuenca 30
   La prehistoria 30
   El periodo prehispánico 32
   La Conquista 38
   La Colonia 40
   La Independencia 43
   La Revolución 47
   El México moderno 49

IV. Las variables ambientales 50
   Población y uso del suelo 52
   Agua 61
   El drenaje de la cuenca 71
   Basura 77
   Calidad del aire 79
   La medición de la calidad del aire 88
   Las inversiones térmicas 93

V. La ciudad de los subsidios 98

VI. Perspectivas futuras 102

Apéndice 107

Bibliografía 109

De las chinampas a la megalópolis de Exequiel Ezcurra,
núm. 91 de la colección La Ciencia para Todos,
se terminó de imprimir y encuadernar en abril de 2007
en Impresora y Encuadernadora Progreso, S. A. de C. V. (IEPSA),
Calz. de San Lorenzo 244; 09830 México, D. F.

Se tiraron 1 000 ejemplares.

La Ciencia para Todos
es una colección coordinada editorialmente
por *Marco Antonio Pulido*
y *María del Carmen Farías*